AF366532

Extrait de la **Revue maritime et coloniale**

(Novembre–Décembre 1890.)

Paris — Imprimerie L. BAUDOIN, 2, rue Christine.

LES
PÊCHES MARITIMES
EN ALGÉRIE ET EN TUNISIE

RAPPORT AU MINISTRE DE LA MARINE

PAR MM.

BOUCHON-BRANDELY, Inspecteur général des pêches maritimes,

ET

A BERTHOULE, Secrétaire général de la Société nationale d'acclimatation,
Membre du Comité consultatif des pêches maritimes.

PARIS
LIBRAIRIE MILITAIRE DE L. BAUDOIN
IMPRIMEUR-ÉDITEUR
30, Rue et Passage Dauphine, 30

1891

LES

PÊCHES MARITIMES

EN ALGÉRIE ET EN TUNISIE

RAPPORT AU MINISTRE DE LA MARINE

PAR MM.

BOUCHON-BRANDELY, Inspecteur général des pêches maritimes,

ET

A. BERTHOULE, Secrétaire général de la Société nationale d'acclimatation,

Membre du Comité consultatif des pêches maritimes.

Monsieur le Ministre,

Parmi les ressources placées sous sa main, celles que l'homme puise dans les eaux ne sont ni les moins importantes par leur abondance et par leur extrême variété, ni les moins précieuses pour ses besoins. La nature veille à leur renouvellement avec un soin jaloux, sans le soumettre à aucun autre travail que celui de la récolte.

Nos côtes africaines ont été dotées, à cet égard, avec la plus rare largesse ; généralement élevées, souvent abruptes, creusées d'anses profondes, dans lesquelles des oueds au cours intermittent et capricieux déversent leurs eaux torrentueuses, elles sont peuplées des espèces les plus diverses, qui y trouvent des conditions d'habitat assez exceptionnellement favorables pour que les familles prospèrent avec quiétude, et se multiplient en de prodigieuses proportions.

1

La faune marine de ces eaux est très analogue à celle de notre littoral méditerranéen, avec quelques différences que nous aurons occasion de signaler ; mais combien n'est-elle pas plus riche en individus !

L'allache, l'anchois, la sardine s'y montrent à toute époque de l'année, et, par moments, en bandes innombrables ; on les pêche sans appât, jusque dans le fond des ports, et il n'est pas rare de voir les barques revenir chargées jusqu'aux plats bords, leurs filets rompus sous le fardeau des prises. Les migrations de thons s'y produisent sur nombre de points ; certaines madragues en capturent huit, dix, et douze mille, durant leurs deux mois de pêche. Les merlans, les homards, les langoustes y atteignent une taille inconnue sur nos plages de l'Océan.

Là aussi, les coquillages se développent sous leurs formes multiples, depuis la grande Pinne perlière des environs de Nemours, jusqu'à la précieuse Pintadine que nous avons eu la bonne fortune de rencontrer pour la première fois dans les eaux de Djerba. Seules, peut-être, parmi les espèces zoologiques particulières à ces contrées, les célèbres colonies de Coraux sont déchues de leur ancienne prospérité, décimées par des dragueurs étrangers, plus avides du gain présent que soucieux de l'avenir. Tout fait espérer, cependant, qu'elles arriveront à se reconstituer dans un temps relativement prochain.

De ces indications préliminaires il semblerait qu'on pût conclure que la fortune du pêcheur est assurée sur des rivages si féconds ; elle le serait, en effet, si les produits de la mer avaient des débouchés plus faciles, et si, surtout, on pouvait les soustraire à la dépendance onéreuse des intermédiaires, qui, sans peines et sans périls, s'en assurent les profits les plus clairs, triplant ou quadruplant le prix infime qu'ils ont avancé.

Jusqu'à présent, du reste, à peu d'exceptions près, toute la pêche est restée aux mains des étrangers. Chose étonnante, en vérité, la colonisation, qui a si vaillamment entrepris la conquête du sol, et qui la poursuit sans relâche, au prix des plus lourds sacrifices, a totalement négligé l'exploitation des eaux ; et pourtant, alors qu'elle avait à s'attaquer à des terres incultes, insalubres même, qu'il lui fallait défricher à grands frais, sans en connaître exactement la valeur, exposée à l'inconstance des saisons, elle eût trouvé dans le domaine maritime des moissons assurées et sans cesse renaissantes. Les capitaux et les bras se sont assemblés pour des plantations incertaines, et à peine notre pavillon flottait-il, il y a deux années encore, sur quelques pauvres barques de pêcheurs.

La loi de 1888, bien qu'incomplète, et destinée, sans doute, à recevoir dans l'avenir certains remaniements, en modifiant la condition des étrangers en Algérie, a réalisé un premier progrès : mais ses effets ne se feront réellement sentir que lorsque, par la suite des temps, leurs intérêts auront définitivement attaché nos nouveaux nationaux à leur patrie d'adoption.

Quoi qu'il en soit, étant données et la rapide progression des marchés locaux, et la création de nouveaux débouchés, au fur et à mesure de l'accroissement de la population, du développement des réseaux ferrés, et de la plus grande rapidité des voies maritimes de communication avec le vieux continent, la pêche est loin de produire tout ce que la consommation indigène et étrangère pourrait lui demander. Il y aurait donc place encore pour une nombreuse immigration venant des côtes de France.

Ce n'est pas à dire qu'il faille tenir ces richesses naturelles pour inépuisables ; mais, en leur état présent, elles constituent de puissantes réserves, dans lesquelles, sous un régime de sage et prévoyante administration, on puisera longtemps à pleines mains, sans les compromettre.

Telle est, à grands traits, la situation générale de nos pêcheries de l'Algérie et de la Tunisie. Il n'est pas sans intérêt de l'étudier dans ses détails.

PREMIÈRE PARTIE.

ALGÉRIE

Les côtes de l'Algérie se développent sur une longueur de plus de 600 milles, avec un relief partout très accusé. L'important massif de l'Atlas, aux sommets neigeux, la chaîne du Djurdjura, les monts Aurès poussent leurs dernières ramifications jusqu'à la mer, dans laquelle leurs pieds plongent souvent à pic; dénudés, brûlés par l'implacable soleil vers l'ouest, couverts de jeunes vignes, de maquis, ou de forêts de chênes dans la Kabylie, ces pittoresques escarpements ouvrent aux flots de vastes baies, où le pêcheur peut jeter ses filets à l'abri de la tempête, toujours assuré d'une ample moisson. Les baies d'Oran, d'Arzew et d'Alger, celles de Bougie, de Stora et de Bône sont justement célèbres par leur fertilité. La plupart de nos espèces sédentaires, un grand nombre d'espèces dites migratrices y sont abondamment représentées; le corail et l'éponge existent sur beaucoup de points, partout, on peut le dire, la vie fourmille sous ses divers aspects, partout l'aisance semble assurée au marin, sans que, sous ce ciel plus clément, sur ces flots plus tranquilles, il soit exposé aux redoutables ouragans qui soulèvent si fréquemment l'Atlantique.

La pêche a été longtemps le monopole à peu près exclusif des étrangers, Espagnols, Maltais, ou Italiens, qui venaient sur leurs barques exercer cette industrie pendant la saison favorable, et regagnaient leur pays dès qu'ils avaient leur plein. En dehors du poisson consommé sur place à l'état frais, les produits de la pêche susceptibles de conservation, n'entraient en Algérie que pour y subir les opérations qui ne peuvent se faire à bord : la dessiccation au soleil, la macération en saumure, la salaison... puis, on les dirigeait sur les marchés du sud de l'Europe, où leur écoulement était d'avance assuré.

Cette population flottante prenait sans rien donner en échange, chacun arrivant muni de ses engins, de tout le sel nécessaire, de riz, de biscuit, en un mot de tous les objets de consommation.

Peu à peu, cependant, la sécurité étant assurée sur la côte, le commerce se développant parallèlement à la colonisation, quelques-uns de ces étrangers y prenaient pied, se créaient des relations, et finissaient par y établir leur foyer, à l'abri de toute charge. Telle fut en grande partie, l'origine de cette population maritime, dans laquelle l'élément indigène compte, encore aujourd'hui, pour un chiffre insignifiant, l'Arabe bravant plus volontiers les fatigues et les dangers du désert, que les colères des flots.

Dans un travail très consciencieux, écrit avec une grande compétence, M. le sous-commissaire de la marine Pénissat décomposait ainsi la population maritime de l'Algérie en 1880 :

Indigènes, Français, ou étrangers naturalisés....	30 p.	100
Italiens.....................................	50	—
Espagnols...................................	15	—
Maltais.....................................	5	—

faisant judicieusement observer que ces étrangers, bien que fixés sur notre sol, et y ayant tous leurs intérêts, n'étaient nullement enclins à changer de nationalité, puisque, tout en naviguant sous leur pavillon, ils acquéraient des droits aux invalides, sans avoir à payer l'impôt du sang [1].

Une telle situation était intolérable. On chercha, une première fois, à y porter remède, en soumettant les armateurs à une francisation partielle des embarcations de pêche ; mais ce n'était pas assez, et il fallut bientôt aller plus loin encore, et couper court radicalement à tous les abus, et aux fraudes qui se commettaient ouvertement sous le couvert de formalités illusoires. S'inspirant de ces nécessités, la loi du 1er mars 1888 interdit formellement aux étrangers la pêche dans les eaux territoriales de l'Algérie.

Le résultat ne se fit pas attendre : dès la première année, il y eut 600 naturalisations, au lieu de 30 en 1881, et de nombreuses instances furent engagées dans le même but. Placés dans l'alternative de renoncer à pêcher sur nos rivages, ou de ployer leur drapeau, les pêcheurs étrangers n'hésitèrent pas, montrant par là en quel prix ils

---

[1] *La navigation maritime et la pêche côtière en Algérie*, Alger, 1889.

tenaient la richesse de nos eaux. Sans doute, il serait téméraire de prétendre qu'ils aient du même coup brisé leurs affections natives, et qu'ils se soient donnés de cœur à leur nouvelle patrie ; mais ce n'est pas trop présumer que d'espérer voir ces sentiments se développer progressivement, et, dans un temps rapproché, car l'homme de mer s'attache plus solidement au rivage que le colon à la glèbe.

Actuellement, la population maritime en Algérie est toute française par suite de naturalisation, ou bien près de le devenir définitivement, ainsi que le veut la loi ; elle compte environ 6,000 pêcheurs, répartis sur l'étendue des côtes, et se livrant, avec une activité de jour en jour croissante, aux diverses pêches que comporte la grande variété de la faune ichtyologique. Ces marins ont apporté, en venant, les engins en usage dans leur pays, les modifiant pour les approprier aux besoins de ce nouveau milieu.

Parmi les arts traînants, les plus répandus sont la senne et le bœuf ; puis, comme filets flottants, le lamparo et le sardinal. Sur quelques points sont établies des pêcheries fixes ; partout on emploie l'hameçon sous la forme de lignes de fond, lignes de traîne, palangres ; on pêche l'éponge accidentellement à la drague, le corail à l'aide de la croix de Saint-André, trop souvent convertie en « gratte en fer ».

Le poisson capturé est pour partie consommé sur place, à l'état frais ; mais le pêcheur ne trouve le plus ordinairement à le vendre qu'à des intermédiaires, ou par leur entremise, ce qui revient à dire à très bas prix, de 0 fr. 30 à 0 fr. 75 le kilogramme, parfois même bien au-dessous.

Quelques usines fonctionnent pour la préparation en conserves des poissons de passage ; mais il y aurait place pour un nombre infiniment plus considérable, car la sardine et l'anchois viendraient-ils à disparaître de nos côtes de l'Océan, on les pêcherait en telle abondance sur celles-ci, que la consommation s'en ressentirait à peine.

Ailleurs, on se borne à sécher le poisson au soleil, et cette denrée trouve, comme nous l'avons dit, un facile écoulement dans le sud de l'Europe.

L'armement est annuellement d'un millier de bateaux, tous d'un faible tonnage et ne s'aventurant pas volontiers au large en dehors des golfes. Le rendement moyen de la pêche est évalué à 10 millions de kilogrammes de poissons pour les diverses espèces marines; mais ce chiffre, ne comprenant que les ventes soumises au contrôle des octrois, est bien au-dessous de la vérité.

Nous ne donnons là, du reste, qu'une vue d'ensemble générale et sommaire, les détails techniques devant trouver place dans l'étude spéciale des quartiers maritimes que nous allons visiter successivement.

I.

QUARTIER D'ORAN.

De la frontière marocaine jusqu'à l'entrée de la baie d'Oran, de hautes falaises se dressent à pic, profilant sur l'horizon leur crête dénudée; subitement profonde, sans abri contre les vents de l'ouest et du nord qui soufflent trop souvent en tempête, la mer n'est pas sans dangers pour les embarcations légères; aussi bien, malgré sa richesse, est elle peu fréquentée par les pêcheurs mal équipés pour affronter ses funestes emportements. Toutefois, à raison du peu de densité des populations riveraines, ceux-ci peuvent suffire à les approvisionner d'une manière satisfaisante, jusqu'au jour où les communications avec l'intérieur devenus plus actives auront fait naître de nouveaux besoins.

Nemours possède une vingtaine de bateaux armés pour la pêche, mais ils ne prennent pas volontiers la mer, et font de préférence le service de la rade, tant que le travail donne; comme engins ils portent le tramail, le sardinal, et les palangres.

Quelques Arabes se livrent à cette industrie près de la frontière et à Mostaganem. Timides marins, médiocres travailleurs, ils restent toujours sous le couvert des côtes, et ne connaissent guère que l'épervier et le tramail.

A Béni-Saf, quatre paire de bœufs exploitent les fonds entre le cap Figale et l'île de Rachgoun; là aussi, on trouve une bouliche et un pêcheur de coquillages; la pêche y est très fructueuse et le poisson d'excellente qualité.

Aux îles Habibas, deux bateaux seulement se livrent toute l'année à la pêche du poisson et des langoustes; mais leurs parages sont fréquentés, en mai-juin, par une cinquantaine d'embarcations armées de lignes de traîne, attirées, comme cette année, par la

présence momentanée de bancs nourris de bonites et de maquereaux.

Sous leur abri, on a établi deux viviers où le poisson et les crustacés sont conservés jusqu'à ce qu'on puisse en faire un chargement
pour Oran. Un industriel y avait même installé naguère une usine
de salaison, qui est aujourd'hui abandonnée, faute, sans doute, de
relations assez régulières.

Les espèces les plus communes sont, après le maquereau, les
oblades, les mérots ou mérous (*perca gigas*), les limons (*seriola
Dumerilii*).

On y trouve encore assez fréquemment une pinne marine, dont
quelques individus portent des perles; sa nacre est utilisée par les
Arabes pour des incrustations grossières d'armes et de meubles; les
perles sont rouges, petites, irrégulières, sans valeur dans le pays.

Il faut arriver jusqu'à Oran pour voir un centre de pêche important; la présence d'une population nombreuse, commerçante, aisée,
l'existence d'usines pour la préparation du poisson, l'ouverture de
voies de communications vers l'intérieur, sont autant de stimulants
pour cette industrie. Le marché d'Oran absorbe annuellement plus
d'un million de kilogrammes de poisson frais.

Le tableau suivant donne le dénombrement des équipages actuellement en exercice dans ce port :

48 bateaux	montés par	326	hommes péchant	au sardinal.
4		28	—	au bœuf.
5	—	100	—	à la senne.
9	—	45	—	au tramail.
26	—	130	—	au tartanon.
10	—	60	—	au lamparo.
20	—	40	—	à la ligne flottante
30	—	90	—	aux palangres et lignes de fond
7	—	21	—	à la gratte.
4	—	12	—	aux casiers.
163		852		

Les bateaux-bœufs ne peuvent travailler que par bonne brise; ils
ne s'exposent jamais par les gros temps, et en tous cas sortent rarement du golfe; chaque paire prend en moyenne de 28 à 30 tonnes de
poisson par an. Les lamparos, bien que de dimensions réduites, ont
rencontré dans le quartier d'ardents adversaires, aussi hostiles que

l'ont été et le sont peut-être encore une partie des pêcheurs d'Alger, et que l'ont été, à tort ou à raison, à l'égard des sennes Heraut et Belot, auxquelles ils ressemblent, les pêcheurs de sardines des côtes de Bretagne. On s'y plaint aussi d'une petite senne de plage, dont les mailles sont de dimension si réduite que le plus menu fretin ne saurait s'en échapper.

La faune du bassin d'Oran est des plus riches : les espèces dominantes sont l'allache, la sardine et le maquereau, qui, cette année, se sont montrés en abondance extraordinaire. Certains jours, au dire des pêcheurs, la mer en était « complètement couverte, à ce point qu'en allant tendre leurs filets, les avirons plongeaient a chaque coup dans les masses innombrables des poissons qui environnaient leurs embarcations ». Au moment de notre passage, plusieurs bateaux avaient dû renoncer à sortir pour ne pas se voir contraints de jeter leur capture à la mer, le marché recevant plus qu'il ne pouvait absorber.

Viennent ensuite le rouget, le sar, le merlan, le mérot (ou mérou) et le pagre du poids de 20 kilos et plus ; le pageau ou pagel, la galinette (trigle), la rascasse, le malarmat, le sargue, la murène, le congre, l'oblade, le jarret, le picarel, le tchiato ou nez plat, la girelle, le mulet, le melva, le saurel, la bogue, la vive, le mulet, le bar en petit nombre ; le thon, la bonite, la pélamide, divers pleuronectes, notamment d'excellentes soles ; la daurade, le poisson saint-pierre ou dorée, de 15 à 18 kilos ; — l'ombrine est très rare ; cette espèce a pourtant donné lieu à une très récente et curieuse observation : un bateau marchand ayant dû, il y a quelques années, abandonner à la mer, au large du port, toute une cargaison de morue sèche, on remarqua, peu après, l'apparition des ombrines ; les pêcheurs les prenaient au hameçon et toujours dans le voisinage du lieu où les morues avaient été versées. Jusqu'en 1888, on en captura, au même point, par quantités considérables, quelques-unes atteignant une taille extraordinaire, et un poids de 80 kilos ; depuis, la table étant sans doute desservie, elles ont presque complètement disparu : c'est ainsi que, dans le courant de cette année, on n'en a pas pris plus d'une quinzaine.

Les crustacés entrant communément dans la consommation sont représentés par la grande et la petite crevette, la langouste, quelques rares homards, le crabe et la cigale.

Le corail et les éponges vivent sur quelques points; mais, de qualité inférieure, ils ne sont pêchés que très accidentellement par les filets traînants; on en trouve de nombreux débris sur les grèves, après les gros temps.

Parmi les coquillages, nous pouvons citer l'huître (*O. Plicatula*) qu'on trouve aux Habibas; l'*O. Edulis* de la Stidia; la clovisse, la moule, la praire, qui vit dans le port; le cardium, le pétoncle (*P. Varius*), la patelle, la petite haliotide, la pinne marine.

Les oursins, les poulpes, les seiches et même les anguilles, objet de répulsion pour les indigènes du quartier, ne sont pas pêchés. La tortue de mer fait de rares apparitions sur le marché.

L'anchois paraît abonder au large, à 4 ou 5 milles de la côte; mais les pêcheurs le négligent, les fritureries n'en veulent pas, et personne ne songe à le mettre en salaisons.

La sardine est relativement peu commune; par rapport aux allaches, on la prend dans la proportion de 1/25 ou de 1/30; quant à celles-ci, au contraire, elles se montrent, parfois, en troupes si serrées que la pêche en doit être suspendue faute d'écoulement. Nous avons vu, le 9 juin dernier, un lot de 8 corbeilles de ce poisson, du poids de 10 kilogr. chaque, vendu au prix total de 2 francs. Dans de telles conditions, les pêcheurs sont peu sollicités de quitter le mouillage.

L'allache habite les côtes pendant toute l'année; son prix moyen se maintient difficilement à 10 francs le quintal métrique pendant la saison chaude, il s'élève à 12 et 13 francs, en hiver; elle est alors d'une conservation plus sûre, et tout ce que les usiniers ne prennent pas est exporté à l'état frais en Espagne.

Ce poisson présente de grandes similitudes de formes avec la sardine, aux bancs de laquelle il se mêle volontiers; il s'en distingue, pourtant, au premier aspect, par une coloration d'un bleu moins fondu, des écailles plus fortes et une arête de piquants entre les ventrales et l'anale. Sa chair, traversée par de grosses arêtes, est de qualité très inférieure; sa taille est ordinairement plus grande : on compte au kilogr. 20 à 28 allaches et 35 à 40 sardines. Ces circonstances sont défavorables pour la friturerie; il est à peu près impossible, en effet, au retour de la pêche, d'effectuer un triage de ces deux espèces, qui permette de les séparer pour les préparer et les vendre à part; de plus, la taille de l'allache oblige l'usinier à la couper presque en deux, et à en rejeter une partie, pour en faire entrer dans les quarts de boîte le nombre d'usage de six ; d'où il s'ensuit pour lui une perte assez sensible.

L'allache se montre rarement sur nos côtes de Provence ; elle est donc à peu près spéciale à celles du nord de l'Afrique ; c'est ce qui explique, sans doute, qu'elle ait été peu décrite par les auteurs. Moreau la désigne sous le nom de sardinelle auriculée, *sardinella aurita*[1], c'est l'alléchard de Cette, *clupea maderensis* (Günth).

Il y a à Saint-André-Mers-el-Kébir, la Stora d'Oran, deux friture-ries exploitées par des Bretons, qui occupent, à elles deux, 70 à 80 personnes des deux sexes, et peuvent absorber chacune de 40 à 50 quintaux de poisson par jour, durant la bonne saison.

Mers-el-Kébir.

À l'arrivée des bateaux, l'allache est mise durant plusieurs heures en saumure, lavée, séchée quelques instants au soleil et cuite à la vapeur dans de grands cylindres où elle séjourne 2 à 3 minutes, puis placée dans des boîtes qu'on remplit d'huile, et qui sont fermées par le procédé ordinaire. L'huile employée vient, non point d'Algérie, où pourtant on en trouve aujourd'hui d'excellente, mais de Bari, en Italie.

---

[1] Em. Moreau, *Histoire naturelle des poissons de la France*, III, 150.

Ce mode de cuisson d'un poisson qui lui-même n'est pas de première valeur, donne des produits de très médiocre qualité ; on ne peut que regretter de les voir entrer dans le commerce d'exportation sous la désignation, inscrite sur les boîtes, de « sardines de Nantes », au détriment de la bonne renommée de celles-ci à l'étranger, car ces conserves sont en très grande partie exportées, particulièrement dans les Amériques.

Il n'y a pas, dans le pays, d'usines pour la salaison en barils ; aussi arrive-t-il souvent, alors que les friturcries sont pourvues, que les pêcheurs, ne trouvant plus à vendre leur poisson, en soient réduits à le jeter à la mer. Cela est d'autant plus surprenant que le pays consomme des salaisons et qu'il faut les faire venir d'Espagne.

A défaut d'entente entre les pêcheurs, ce sont les usiniers eux-mêmes qui fixent les prix.

La vente du poisson n'est pas libre à Oran ; les pêcheurs doivent apporter à la criée le produit de leur pêche ; il est perçu un droit de 5 p. 100 sur le prix d'adjudication. Cette taxe est prélevée par un fermier qui paye à la ville un prix ferme de 17,000 francs par an ; elle pèse lourdement sur le pêcheur qui est ainsi sous la main des revendeurs, toujours unis entre eux pour l'exploiter. Il convient d'ajouter qu'elle ne frappe pas sur la valeur réelle de la marchandise vendue, puisque le prix de la criée est quintuplé, souvent même décuplé dans la vente au consommateur, par le marchand en détail qui, lui, n'a à supporter de ce chef aucune charge ? Ainsi, en juin dernier (4 juin 1890), nous avons vu des corbeilles de maquereaux (de 20 kilogr. l'une) adjugées à 0 fr. 75 et 1 franc à des acheteurs en gros, qui en ont facilement obtenu dans la ville 0 fr. 50 le kilogr. Malgré d'aussi graves défauts, ce système de perception est adopté par la plupart des municipalités algériennes, à l'exemple de quelques localités du littoral de la France.

L'élément espagnol domine dans ce quartier ; il y a cependant, à Mers-el-Kébir, une colonie italienne datant de l'époque où la pêche du corail était en honneur ; cette industrie étant délaissée, depuis un certain temps déjà, les Italiens n'ont pas quitté le pays, ils se sont faits pêcheurs de sardines.

———

Baie d'Arzew. — Après avoir doublé le cap Ferrat et le cap

Carbon, à l'est, on pénètre dans un golfe qui n'est pas sans de grandes analogies avec celui que nous quittons. Son orientation est la même ; directement ouvert sur le large comme celui-ci, il est également battu avec violence par les vents de nord à ouest, qui le rendent dangereux pour les embarcations d'un faible tonnage ; ses côtes sont plus basses ; la mer s'y creuse subitement à des profondeurs d'eau atteignant jusqu'à 100 mètres, avec fonds de sable, de roches, ou de vases dures. Il reçoit deux cours d'eau, l'oued Makta et le Chélif, celui-ci le plus considérable de l'Algérie, du moins par la longueur de son cours ; après avoir fertilisé de larges vallées, ces oueds précipitent leurs eaux, jaunes du limon qu'elles entraînent, dans la mer bleue, où elles se perdent bientôt.

Cette baie, qui ne le cède en rien à la première pour la fécondité, est divisée en deux syndicats, celui d'Arzew, d'où dépend Port-aux-Poules, et celui de Mostaganem.

Arzew est une petite ville d'origine relativement récente ; ses premières maisons se sont élevées il n'y a guère qu'une quarantaine d'années, sur les ruines, aujourd'hui disparues, d'un ancien port romain, qui embrassait toute l'anse. Sans aspirer peut-être à acquérir l'importance du *Portus Magnus* des temps anciens, elle se développe, néanmoins, d'une manière assez rapide. Ses exportations d'alfa, de sel et de vin et l'activité de la pêche y donnent lieu, grâce à un assez bon mouillage, à un mouvement d'affaires qui va en progressant. Elle est uniquement peuplée d'Européens ; les indigènes se sont cantonnés, aux pieds de la montagne, dans un douar formé de gourbis misérables.

On compte en tout 150 hommes s'adonnant à la pêche, dont 40 Français, récemment naturalisés, et 110 étrangers, Espagnols surtout ; les trois quarts de ceux-ci sont en instance de naturalisation, les autres conservent leur nationalité et entrent dans la composition des équipages, grâce à la tolérance de la loi. Ils se répartissent de la manière suivante : Quatre paires de bœufs à Arzew et une à Port-aux-Poules, de huit à neuf tonnes l'un, montés chacun par huit hommes, six sardiniers, trois trémailleurs, et autant de senneurs, jaugeant trois tonnes, et montés par cinq à six hommes.

Il y a, en outre, une quinzaine de bateaux employant alternativement les palangres, en mars, avril et mai, et la ligne de traîne de mai à octobre ; d'ailleurs, en dehors de ceux qui manœuvrent les bœufs, ces pêcheurs changent d'engins selon les besoins et les circonstances.

Les pêcheurs d'Oran viennent souvent croiser dans la baie d'Arzew, à la poursuite des bandes de poissons voyageurs.

Arzew.

On ne trouve pas l'anchois dans ces eaux ; mais, fait à signaler, car il ne se produit que très exceptionnellement pour la sardine sur nos rivages continentaux de l'Océan, l'allache et la sardine s'y montrent toute l'année, plus ou moins abondantes suivant la saison ; dans les temps favorables chaque barque peut capturer six à sept cents kilos par jour, vendus, en moyenne, les allaches 10 francs, et les sardines 12 francs le quintal.

Une partie de ce poisson est consommé à l'état frais, sur place, ou bien à Oran ; une autre est absorbée par les usiniers de Mers-el-Kébir ; quelques revendeurs, lorsque le poisson est en excès, salent les sardines, les bonites, et les maquereaux, dans des bailles, et les détaillent, plus tard, dans les localités voisines ; mais ce n'est qu'exceptionnellement, et on ne peut pas dire qu'il y ait là une industrie organisée.

Les espèces qui donnent le plus abondamment sont : pour le bœuf, le merlan, le rouget, la sole, et, en plus petite proportion, le pajot, la rascasse, la raie, la vive et la seiche ; — pour la ligne traînante amorcée à la plume, la bonite et le thon ; — pour les palangres, le mérou, la rascasse, le pajot, la murène et le congre ; viennent ensuite la daurade, le sar, la saupe (*sparus salpa*) vulgairement dénommée poisson juif, dont le prix n'est guère que de 10 centimes le kilo.

On pêche aussi quelques coquillages et d'excellents oursins ; les langoustes, peu nombreuses, mais de belle taille, habitent les fonds rocheux de la pointe de l'Aiguille et du cap Carbon.

Les bateaux bœufs ramènent une moyenne de dix *robbes*, à chaque cale. La robbe est de 12 kil. 500 ; elle est payée par l'armateur au pêcheur, pour la part de celui-ci, à raison de 5 francs l'une ; quelle que soit la nature du poisson, la part de l'armateur est de moitié ; c'est lui qui se charge de la vente en détail.

L'octroi d'Arzew perçoit un droit d'entrée de 5 centimes par kilo ; les prix de vente varient de 35 à 80 centimes, suivant la saison.

Le tableau ci-après fera ressortir l'importance économique de la pêche dans ce port :

Statistique de la pêche et des pêcheurs pendant les années 1888 et 1889.

QUARTIER D'ORAN. — SYNDICAT D'ARZEW.

DÉSIGNATION des produits de la pêche.	UNITÉ.	QUANTITÉS PÊCHÉES		TOTAL BRUT de la vente des produits pêchés		NOMBRE d'hommes employés		BATEAUX employés	
		en 1888	en 1889	en 1888	en 1889	en 1888	en 1889	en 1888	en 1889
				fr.	fr.				
Pêche en bateau.									
Maquereaux frais....	Kilogr.	4,620	11,420	1,848	1,610				
Sardines...........	Nombre.	141,216	760,950	604	2,536				
Allaches...........	Id.	10,730,000	6,535,800	35,574	10,350				
Autres espèces de poissons...........	Kilogr.	159,698	138,750	74,382	62,400	154	150	50	47
Thons.............	Id.	30,908	4,500	12,166	2,700				
Homards et langoustes	Nombre.	154	300	308	600				
Crevettes..........	Kilogr.	462	750	1,386	2,250				
TOTAUX.....	....	....	....	126,328	94,446	154	150	50	47

La sardine et l'allache, qui figurent en nombre, entrent en moyenne 36 au kilogr.

Cette pêche a été plus abondante pendant l'année 1888 ; le prix de la vente a été aussi plus élevé qu'en 1889, parce que les usines de salaisons de Mers-el-Kébir n'ont pas fonctionné comme en 1888.

En 1888, 154 hommes ont pratiqué la pêche, dont 37 Français et 117 étrangers (Espagnols, Italiens).

En 1889, 150 hommes ont pris part à la pêche, dont 40 Français naturalisés et 110 étrangers. Sur ces étrangers, qui ont pratiqué la pêche en 1888 et 1889, les trois quarts, environ, sont en instance de naturalisation.

Bien que situé dans le voisinage immédiat d'Arzew, et baigné par les mêmes eaux, Mostaganem est loin de jouir de la même prospérité, au point de vue de l'industrie de la pêche.

Les registres de la marine portent 108 inscrits, sur lesquels 72 Français ou étrangers naturalisés, et 36 étrangers en instance de naturalisation ; mais, sur ce nombre, 71 seulement vivent exclusivement des produits de leur profession. Une dizaine se répartissent sur trois bateaux, de un à deux tonneaux, armés de la senne ou de tramails, tous les autres pêchent au bœuf ; les douze bateaux qui manœuvrent ce dernier engin jaugent de trois à quatre tonnes — en dehors de là, quelques barques pêchent le maquereau et la bonite aux lignes de traîne.

Aux espèces énumérées ci-dessus pour Arzew, et que nous retrouvons toutes ici, il convient d'ajouter le *maya*, le *nautile flambé*, et, fréquentant le Chéliff, le mulet, l'anguille et l'alose. On prend quelquefois d'énormes merlans, mais c'est l'exception, la taille moyenne en est de 20 centimètres, celle du maquereau est de 0.30 ; par hasard, on voit des ombrines de plus d'un mètre de longueur, pesant jusqu'à 60 kilogr.

Les bœufs capturent dans leurs meilleures calcs 40 robbes, en moyenne une quinzaine seulement ; de janvier à juin de cette année le produit total de leur pêche a été de 25,000 kilos.

Malheureusement, malgré l'importance relative de ce chiffre, le résultat définitif est loin d'être brillant ; ici encore, il est interdit au pêcheur de vendre lui-même son poisson en détail ; il doit subir la loi de l'intermédiaire, qui ne le lui a payé qu'à raison de 32 centimes le kilo, soit au total, pour 25,000 kilogrammes qu'il a livrés, une somme de 7,900 francs, à partager entre six couples de bateaux.

Si nous poursuivons le calcul nous aurons pour chaque couple environ 1,316 francs, dont la moitié à l'armateur ; il ne restera que 658 francs à répartir entre les dix hommes d'équipage ; chacun d'eux touchera donc, en définitive, 65 fr. 80 pour 150 jours d'enrôlement, ce qui équivaut à 43 centimes par jour, autrement dit, à la misère.

Hâtons-nous d'ajouter que ce port est le seul de ces régions où l'on nous ait dépeint sous ce jour sombre la situation du pêcheur ; partout ailleurs, au contraire, nous le verrons sinon dans l'abondance, du moins dans une aisance relative.

Les revendeurs, de leur côté, qui ont pris des mains de celui-ci son poisson à un prix si infime, l'écoulent sans peine, d'après les chiffres relevés sur place par le syndic des gens de mer, à 1 fr. 25 le kilo, pour la qualité ordinaire, à 2 fr. 50 et 3 francs, s'il s'agit de la sole ou du rouget. On ne saurait s'étonner de voir leur situation prospérer rapidement.

Les pêcheurs de Mostaganem se plaignent de la pauvreté de leurs eaux. La chose est possible, bien qu'elle mérite vérification; il est même étonnant que, six paires de bœufs concentrant leurs efforts sur un espace aussi restreint, dont ils ont garde de s'éloigner, ces eaux ne soient pas plus appauvries encore. On sait, du reste, que les abords du golfe, où les pêcheurs ne vont jamais jeter leurs filets, soit par inaction naturelle, soit par crainte de la haute mer, sont extrêmement poissonneux; de là jusqu'aux environs de Tènes, il y a d'immenses espaces inexplorés, vastes et tranquilles réserves, où, selon une expression très imagée et très caractéristique, « le poisson meurt dans une douce vieillesse ».

Ne quittons pas le syndicat d'Arzew sans noter l'existence sur ses côtes d'un phoque, non moins redouté des pêcheurs que les marsouins, qui y vit en nombreuses familles. Nous n'avons pas eu l'occasion d'en voir aucun spécimen, mais nous ne doutons pas qu'il s'agisse du phoque-moine. *Phoca monacus* (Herm.) Phoque à ventre blanc, Buff. Comme l'indiquent ces dénominations, cette espèce porte la livrée monacale de certains ordres, manteau noir sur robe blanche; elle est douée d'intelligence, susceptible de domestication et d'attachement. On la trouve également dans l'Adriatique et sur les côtes de Sardaigne; son habitat est limité aux zones tempérées. Ces animaux poursuivent les bancs de poissons, les dispersent et les éloignent; malheur aussi aux filets tendus sur leur passage, car, en quelques instants, ils sont mis en pièces et détruits.

Rappelons enfin, qu'il y a une dizaine d'années un industriel avait fait des tentatives d'ostréiculture à l'embouchure de la Makta, tentatives qui ne donnèrent pas de résultats sérieux. Il est difficile de dire la cause de leur insuccès, sans connaître les conditions dans lesquelles elles avaient été entreprises; ce qu'on peut affirmer, toutefois, c'est que ce milieu n'était pas défavorable à l'existence des mollusques, car il reste encore trace des huîtres qui furent alors répandues à cette place, et celles qu'on y retrouve aujourd'hui, sont

vraisemblablement la descendance immédiate des premières. Il y
aurait donc là plutôt un motif d'encouragement pour des essais de
même nature à faire dans l'avenir.

II.

QUARTIER D'ALGER.

De l'éminence, sur les flancs de laquelle s'étagent poétiquement
ses mystérieuses maisons blanches, et les riches villas de Musta-
pha, Alger, ouverte aux premiers feux du soleil levant, domine,
superbe, un golfe profond, dont les sinueux profils sont pleins de
grandeur. A ses pieds, sous l'abri de son vaste port, dorment paisibles les énormes galères de commerce, auprès des lourds avisos
aux flancs d'acier, entourées d'un essaim, toujours éveillé et remuant,
de légères et gracieuses balancelles.

Au loin, les hautes cimes de Djurdjura, que les neiges de l'hiver
abandonnent à regret, découpent l'horizon qui, vers le nord, va se
perdre dans le bleu intense de la mer, vaguement confondu avec
l'azur du ciel; par là seulement, sous le souffle redouté des aqui-
lons furieux, peut pénétrer la tempête, poussant devant elle des
montagnes écumantes, qui viennent follement se briser sur le môle
impassible.

Alger, qui est le centre de la colonisation, est aussi le foyer de
pêche le plus actif du pays. Tout, d'ailleurs, dans sa situation, con-
court au développement de cette industrie : sa population nombreuse, des agglomérations de villes et de bourgs peu éloignés,
des voies de communication très suivies, un service journalier de
vapeurs à grande vitesse, en tête desquels marchent nos magnifiques
et hospitaliers Transatlantiques, créent aux produits de ses eaux,
étonnamment fécondes, les plus sûrs débouchés, et des conditions de
vente toujours faciles.

Le champ, où peut s'exercer cette industrie, présente, sur la
ligne des côtes, dans ce quartier, une longueur de 400 kilomètres
sur une largeur qui est celle de l'immense mer; mais, en fait,
moins aguerris que leurs vaillants frères de l'Océan, les pêcheurs
algériens ne s'éloignent jamais beaucoup de leur port d'attache, de

telle sorte qu'une faible partie de cet espace, un quart à peine, est exploitée.

Nous ne dirons rien, pour ne pas trop nous répéter, de la faune de ce quartier, qui est assez semblable à celle du précédent ; notons simplement, en passant, la taille de quelques-uns des poissons que nous avons vus sur le marché d'Alger : mérous blancs, de un mètre de longueur ; mérous de vase, de 60 kilogr. ; ombrines, de $1^m,53$ sur $0^m,96$ de tour ; limons ou saumons (*seriola dumerilii*), de 200 kilogr., énormes squales de la plupart des espèces connues dans la Méditerranée, et dont la chair coriace ne rebute point les indigènes, non plus qu'une certaine catégorie d'Européens... Il n'en faut pas davantage, ce semble, pour marquer l'âge auquel arrivent ces animaux dans des fonds où, somme toute, ils sont rarement tourmentés.

Le quartier d'Alger se subdivise en quatre syndicats, qui ont leur centre à Alger, Cherchell, Tenès et Dellys.

Le premier, de beaucoup le plus important, compte 2,000 inscrits, mais seulement 1433 hommes se livrant régulièrement à la pêche, répartis sur 14 balancelles à voiles, 5 vapeurs armés de filets-bœufs, avec 180 hommes d'équipage, et 251 bateaux employant divers engins.

Le filet-bœuf est trop connu pour qu'il soit besoin de le décrire ici. Qu'il soit traîné à la voile, ou mû par des vapeurs, ses dimensions sont seules changées, la forme reste la même ; c'est toujours une vaste senne en très gros fil, comprenant deux ailes à larges mailles longues parfois de 150 mètres, hautes de 10 à 15 mètres, leur partie supérieure allégée de lièges, avec une ralingue inférieure fortement chargée, et se terminant par une grande poche centrale à mailles réduites, dans laquelle vont s'entasser pêle-mêle des poissons de toutes formes, de toutes robes, et malheureusement aussi de toute taille, appartenant surtout aux espèces sédentaires, et des êtres aux formes bizarres, pris dans l'infinie variété du monde animal sous-marin, en même temps que les objets les plus divers, dragués sur le fond, où elle doit faire place nette.

Il faut une paire de balancelles pour actionner ce puissant engin ; l'une d'elles, une fois sur le lieu choisi, assez loin de la côte ordinairement, afin d'avoir du fond et de la brise, donne à l'autre le bout de l'un des câbles, longs de plusieurs centaines de mètres, auxquels sont fixés les bras, et s'en éloigne en développant complètement le filet, comme on étendrait une senne. Le poids des ralingues et de la poche l'entraîne vivement au fond ; alors, les deux barques prennent le vent et se laissent porter, parallèlement l'une à l'autre, pendant un certain temps.

Un coup de filet porte le nom de câle, et une câle dure environ trois heures, pendant lesquelles les barques naviguent en remorquant le bœuf, évitant avec soin les fonds rocheux, que les pilotes connaissent admirablement, sur lesquels l'engin pourrait s'accrocher et se perdre.

Bœuf à vapeur. — Sortie du filet.

Lorsque ce dragage s'est prolongé le temps voulu, on largue les voiles, et les équipages se mettent aussitôt à tirer doucement à eux les câbles qui prolongent les ailes de l'appareil et lui permettent, par leur souplesse, de franchir les aspérités des fonds de mer. Cette lente manœuvre les rapproche insensiblement et les réunit bord à bord, au moment où les premiers lièges se trouvent ramenés à fleur d'eau. L'une des deux escouades prend, dès lors, les deux bras du filet en continuant de le tirer, pour le ramener sur le pont de l'une des barques du couple.

La durée de la câle et le temps passé à cette manœuvre ne permettent pas plus de deux câles en une matinée ; le plus souvent on n'en fait qu'une, afin d'arriver opportunément au marché.

Les bœufs sont, avec le lamparo, les engins de pêche les plus productifs. Voici, d'après les intéressants relevés du commissaire de l'inscription maritime d'Alger, M. Pénissat, quelles seraient leurs prises moyennes, calculées sur six câles :

DURÉE de la câle.	GENRE DE TRACTION.	MILLES parcourus.	POISSON CAPTURÉ.		TOTAL.
			Dimension réglementaire.	Fretin.	
heures.		milles.	kilogr.	kilogr.	kilogr.
4	Bateaux à voiles de 35 tonnes.	4	150	15 à 20	165 à 170
4	Bateaux à vapeur de 20 tonnes.	5	230	25 à 30	255 à 270

Parmi le fretin, on trouve principalement des rougets, des merlans, des grondins et des soles.

Ces expériences ont été faites entre 2 et 3 milles de terre, par des fonds de 60 à 100 mètres.

D'après le tableau qui précède, les vapeurs ne captureraient pas une quantité suffisante de poisson pour justifier les dépenses qu'entraîne leur emploi. Si leurs prises sont d'un tiers plus fortes que celles des voiliers, leurs dépenses, d'autre part, sont triples [1] ; mais ils n'en constituent pas moins une très sérieuse source de profits pour l'armateur : que le vent soit bon ou qu'il soit contraire, ils vont où ils veulent aller, leurs câles sont plus longues et plus nombreuses, les manœuvres du filet plus rapides ; ils perdent moins de temps pour gagner les fonds de pêche et rapportent, à l'heure propice, leur poisson sur le marché.

Il n'en faut pas plus, certes, pour leur donner tout l'avantage, et on ne saurait méconnaître que si leur emploi venait à se généraliser, les richesses ichtyologiques de la mer courraient quelques dangers. Il conviendrait, alors, de tenir sérieusement la main à la stricte observation des prescriptions des règlements en vigueur ; peut-être, même, devrait-on arriver à les rendre plus sévères.

---

[1] Les chaloupes à vapeur de la Compagnie Schiaffino, du port d'Alger, consomment une tonne de charbon par 24 heures, et développent une vitesse de 8 nœuds.

Par une prévoyante disposition de ces règlements, l'usage du filet-bœuf est interdit chaque année pendant trois mois, du 1er juin au 31 août.

Le lamparo, dont l'usage a été introduit, il y a une trentaine d'années, par des pêcheurs italiens, est, aujourd'hui, adopté sur tout le littoral de la colonie, où il donne d'excellents résultats. Toutefois, son emploi a été exceptionnellement prohibé dans le syndicat d'Alger, par un arrêté du 26 août 1889, rendu à la suite d'une ardente campagne menée par une certaine catégorie de pêcheurs, et à laquelle prirent part des organes écoutés de la presse algérienne.

Nous ne saurions nous dispenser d'entrer ici dans quelques détails et considérations au sujet de cet engin, qui compte, en somme, plus de partisans que d'adversaires, et ne mérite pas tous les reproches dont il a été l'objet.

Ce filet présente, avec les sennes connues en France sous le nom de sennes Belot et Héraut, de très grandes ressemblances. Il est formé de deux ailes étroites à leur extrémité, et s'élargissant progressivement jusqu'à la partie centrale, destinée à former poche. Les ailes sont plombées, elles peuvent avoir réglementairement une longueur de 60 mètres chacune ; la toile, à son centre, ne doit pas dépasser 15 mètres de hauteur ; elle est dépourvue de tout lest, mais fortement liégée, et tissée avec un fil très mince. Tel quel, le lamparo est essentiellement un filet flottant, inapte à draguer les fonds, qu'il ne pourrait, en tous cas, qu'effleurer, puisque la ralingue de la poche n'est aucunement lestée, et qui, par suite de la faiblesse de sa trame, ne peut s'attaquer qu'aux poissons de petite taille. Effectivement, il ne capture qu'accidentellement les espèces sédentaires qui habitent les fonds ; on l'emploie au large, contre les espèces dites migratrices, allaches, anchois, sardines, qui se rencontrent ordinairement à la surface. Il est manœuvré par une seule barque, déployé en cercle, et ramené à bord par deux hommes.

Ce ne serait point là, assurément, un engin assez meurtrier pour qu'il fût nécessaire de le frapper d'interdiction, si les pêcheurs n'avaient enfreint les prescriptions réglementaires qui régissent son emploi, allongeant ses ailes jusqu'à les doubler, les rattachant à une énorme poche de senne, dont l'ouverture atteint parfois plus de 30 mètres de diamètre, et achevant de le transformer en art traînant, en chargeant sa ralingue inférieure. Ils lui donnaient ainsi une rare puissance.

C'est là, il faut croire, la source véritable des doléances, disons le mot, des jalousies qu'ils ont suscitées contre eux, de la part de ceux qui, moins fortunés, ou moins hardis marins, s'en tenaient aux palangres.

Ce grief, juste au fond, serait exclusivement du ressort de l'administration, qui veille de son mieux à la garde des eaux; et, en effet, depuis moins de trois ans, il n'a pas été saisi moins de 40 de ces engins non réglementaires, représentant une valeur approximative de 25,000 francs; mais, à lui seul, il ne suffirait pas à motiver l'abrogation de l'arrêté de 1884, car il n'y aurait là, en somme, qu'un abus à réprimer, n'affectant en rien le principe en lui-même. Aussi bien, les plaignants s'appuyaient-ils sur d'autres motifs. Nous n'en retiendrons qu'un seul, le plus spécieux, à savoir, qu'à certains moments le lamparo capture de telles quantités de poissons, que le marché s'en trouve affecté, au point de ne pas pouvoir les absorber, d'où résulte une dépréciation absolue, non seulement des poissons spécialement capturés par cet engin, ce qui, sans doute, ne toucherait guère les pêcheurs protestataires, mais, par contre, aussi de ceux appartenant aux autres espèces capturées par des procédés différents.

Ce dernier fait si particulier de pêches trop fructueuses ne se produit que très accidentellement, et on peut, en réalité, le déplorer, quand il conduit à la perte totale de leurs produits. Mais comment se plaindre de l'abaissement des prix de vente qui, compensé pour le pêcheur par la quantité, a pour conséquence immédiate de mettre un aliment sain et abondant à la portée du pauvre ?

Quant à accuser cet engin de détruire, ou même simplement d'éloigner les bancs, cela paraît difficilement admissible, si l'on prend la peine de remarquer que dans les ports où il est constamment, et depuis déjà longtemps en œuvre, les pêches n'ont absolument rien perdu de leur importance première.

Quoi qu'on puisse prétendre, il est acquis par l'expérience, que le lamparo, nous parlons du filet réglementaire, par sa forme et par la ténuité de sa trame, est un filet flottant, ne s'attaquant qu'aux espèces nomades de petite taille, qui échappent à toute protection. N'est-il pas, en définitive, incomparablement moins destructeur que le bœuf, dont l'existence ne semble pas encore menacée ? Sans son secours, pendant les trois mois d'interdiction de celui-ci, les palangriers qui l'attaquent si vivement, ne s'exposent-ils pas à manquer de la boëte qui leur est indispensable pour la pêche des gros poissons ?

Il n'est pas improbable qu'il se produise avant peu un revirement d'opinion à cet égard. Le syndicat d'Alger est le seul, au surplus, où la prohibition de ce filet ait été édictée, et il faut souhaiter qu'elle ne se généralise pas, car, dans ce cas, l'existence de bon nombre d'usines, notamment celles de Ténès et de Cherchell qui s'approvisionnent déjà avec difficulté, serait gravement compromise.

A côté de ces premiers engins, nous trouvons comme arts traînants : la senne et le tartanon ; comme filets flottants : le tramail à double nappe, et le sardinal ; puis, divers genres de lignes : ligne de traîne, palangres..., tous parfaitement connus.

La pêche est assez active et assez heureuse dans la baie d'Alger, pour alimenter, d'une manière satisfaisante, la consommation locale ; mais, de plus, l'abondance et la qualité du gros poisson de choix, la fréquence et la rapidité des services à vapeur, ont fait naître un commerce d'exportation dont les chiffres suivants attestent l'importance. La seule maison Schiaffino, d'Alger, a expédié sur Marseille :

En janvier 1890	12,042	kilogr.
En février —	1,420	—
En mars —	26,924	—
En avril —	8,550	—
En mai —	167,192	—
Soit au TOTAL	216,128	kilogr.

de poisson frais, pour les cinq premiers mois de l'année.

Dès l'arrivée des bateaux de pêche, le poisson, préalablement lavé, est disposé dans de grandes caisses rectangulaires, par couches alternantes avec des lits de glace, glace et poisson ne formant bientôt plus qu'un seul bloc. Il se conserve ainsi parfaitement pendant plusieurs jours, très largement le temps nécessaire pour la traversée, et la réexpédition en France sur les différents marchés du littoral de la Méditerranée : Marseille, Cannes, Antibes, Menton..., qui ne parviennent pas à suffire à leur propre consommation et aux demandes de l'intérieur, avec la seule ressource du poisson indigène. Il y trouve des prix assez élevés pour couvrir les expéditeurs de tous leurs frais, en leur laissant une large marge de bénéfices.

N'est-ce point là un sûr indice de la richesse des eaux algériennes, et malheureusement aussi de l'appauvrissement déplorable des nôtres ?

L'allache, la sardine, et l'anchois fréquentent ces parages pendant toute l'année, à une plus ou moins grande distance des côtes, suivant la saison et l'élévation ou l'abaissement de la température. La première atteint une taille souvent triple de celle de la sardine, qui, elle-même, est généralement beaucoup plus grosse que sur nos côtes de l'Océan. Le mélange de ces espèces, et la quasi impossibilité d'en faire le triage, sont, nous en avons fait l'observation, une des causes d'infériorité des conserves faites dans le pays. Il faut aussi reprocher aux usiniers un fâcheux défaut de soins dans la préparation.

Ce n'est évidemment point par des procédés défectueux de fabrication qu'on réussira jamais à faire la voie à ces produits dans le commerce d'exportation. Même pour les écouler facilement dans le pays, il faudrait donner à leur préparation une régularité absolue. Ce sont les défricheurs qui en consomment la plus grande part ; or, si, d'après les conventions, le colon doit fournir à ses ouvriers une boîte pour 12 hommes, à raison de un poisson par homme et par repas, c'est pour lui un sujet de discussions fâcheuses quand les boîtes ne contiennent pas les 12 poissons qu'elles doivent avoir d'après l'usage.

Étant donnée la taille moyenne des allaches, il faut, pour se conformer à cette règle, se résoudre, comme cela se pratique dans les fritureries que nous avons visitées, à Mers-el-Kébir, à couper le poisson à la longueur voulue, et rejeter le surplus. Encore qu'il s'ensuive une perte pour l'usinier, ce dommage nous semble moins préjudiciable à ses intérêts que celui résultant de l'inégalité du contenu des boîtes, et des autres vices de leur préparation.

Ne serait il pas désirable, encore, ainsi que nous en avons déjà exprimé le vœu, de voir mettre ces produits dans le commerce, sous leur vrai nom ? Ils se feraient une clientèle spéciale par leur bas prix, et ne nuiraient pas, comme il arrive, à la vieille bonne renommée de nos sardines de Nantes, sur les marchés étrangers.

L'anchois fréquente les plages du syndicat d'Alger et, de préférence, celles de Courbet, entre l'oued Isser et le cap Matifou, et celles de Castiglione, de mai en août ; il y donne lieu à d'importantes transactions, mais avec des intermittences inexpliquées. Très rare, l'an dernier, alors qu'il abondait sur les côtes d'Espagne, il est venu en masses, cette année. Plus de 80 bateaux en font actuellement la pêche, capturant chacun de 5 à 10 quintaux par nuit. Ils leur sont payés 25 à 30 francs le quintal métrique.

On estime à 700 francs la part du matelot sur les bénéfices réalisés pendant les trois mois que dure annuellement cette pêche.

Toutes les usines à sardines reçoivent aussi l'anchois ; mais elles ne peuvent absorber qu'une faible partie du poisson pêché. Les armateurs installent sur les lieux de pêche, principalement à Aïn-Taga, près de Matifou, et à Bou-Haroum, non loin de Castiglione, des gourbis, sortes d'ateliers volants, dans lesquels ils font l'embarillage. Il y a habituellement une centaine de ces ateliers sur les deux plages.

Cette préparation, des plus rudimentaires, n'exige pas, en effet, une installation bien compliquée. Sur la plage même, les pêcheurs enlèvent, d'un même coup, la tête et les intestins du poisson, et sur-le-champ on le place en barils, par rangs serrés, mais dans un sens différent, selon la destination des produits. Dans ceux qui doivent être vendus en France, les anchois sont rangés le dos en l'air, la tête vers le centre ; le sel est teinté de rose, au moyen d'une légère addition de cinabre. Au contraire, dans ceux à destination de l'Italie, ils sont mis à plat, dans du sel gris ordinaire. Les uns et les autres sont fortement pressés ; le vide produit par le tassement est comblé, et on noie le tout sous de la saumure fraîche [1]. Après quinze jours, les barils sont fermés et prêts pour la vente. Ils pèsent de 55 à 60 kilos, et se vendent de 30 à 35 francs.

Un baril vide, avec les 15 kilos de sel qu'il doit recevoir pour une bonne préparation, revient à 4 fr. 50 environ. Le droit d'entrée, en Italie, des salaisons (anchois, allaches, ou sardines), est de 12 francs par 100 kilos. Le prix du fret sur Marseille, ou sur Gênes, et Livourne, est de 10 à 12 francs la tonne. Les expéditions, faites par plusieurs centaines de barils, sont accompagnées par un convoyeur,

---

[1] La saumure pour les anchois doit être préparée fraîche. Pour reconnaître si elle est à un degré convenable de saturation, les usiniers ont coutume de mettre une pomme de terre dans chaque récipient ; lorsque le tubercule flotte, le liquide est en état.

homme de confiance, qui va opérer la vente, et auquel on donne 200 francs par voyage.

Tous frais payés, il doit encore rester de 30 à 40 0/0 de bénéfice net à l'armateur-usinier.

Trois madragues fonctionnent dans le syndicat : l'une à Alger, les deux autres à Sidi-Ferruch ; celles-ci sont à demeure ; elles capturent le thon ou la bonite, suivant les saisons.

Signalons, enfin, un banc important d'huîtres (*O. edulis*), à l'embouchure de l'oued Mazafran. Elles sont d'un goût excellent, et atteignent une taille énorme.

En dehors d'Alger même, il convient de citer les quelques autres centres de pêche, dépendant du quartier, bien qu'ils soient d'une faible importance, à côté du premier.

Azeffoun, à la limite est, ne compte guère que 6 à 7 pêcheurs, montant 2 bateaux ; ils ne sortent pas plus de deux fois par semaine, et, en l'absence de toute voie de communication, leurs prises s'écoulent très difficilement. Il y avait là des bancs d'un beau corail rouge, qui ont été abandonnés par suite de leur complet épuisement.

Dellys a 2 balancelles armées d'un filet-bœuf, 5 palangriers et 2 sardinaux, qui alimentent aisément les centres de population les plus voisins, Ménerville, Bordj-Menoul, Tizi-Ouzou ; le beau poisson est envoyé à Alger.

Du côté opposé, à l'ouest, nous trouvons Castiglione, où la pêche des anchois est active à l'époque de l'apparition de cette espèce. De plus, 4 paires de bœufs y draguent les fonds, et expédient journellement le produit de leur pêche à Alger, distante de 48 kilomètres de route. Il s'y est formé un village de marins qui, avant peu, aura assez d'importance pour être érigé en syndicat.

Un ancien parqueur de Marennes s'est établi à proximité de Castiglione, il y a un an ou deux ; au fond d'une crique rocheuse, divisée en une série de petits bassins naturels par des crêtes de récifs émergeants, il a obtenu une concession temporaire d'un millier de mètres, sur laquelle il a étalé 5 à 6,000 jeunes huîtres d'Arcachon, quelques gryphées, et des moules. L'absence de capitaux ne lui a rien permis de plus que cette installation rudimentaire. Il y aurait là, ce semble, un exemple à encourager et à suivre : car l'ostréiculture, qui a pris un si rapide essor sur nos côtes de la Manche et de l'Océan, devrait trouver sur celles de l'Algérie un terrain favorable aussi, quoique dans une moindre mesure peut-être, à son développement industriel.

Le savoureux mollusque se plaît, en effet, sur nombre de points; au cap Matifou et à Sidi-Ferruch, on en pêche qui atteignent rapidement la taille de 0^m,10 à 0^m,15, et sont assez semblables, par la forme des valves et par les qualités de la chair, aux huîtres corses de l'étang de Diana. Ce n'est donc pas trop s'avancer que de prévoir le succès d'une culture artificielle qui serait entreprise avec des moyens suffisants.

Castiglione.

Dans le syndicat de Cherchell, la pêche est pratiquée par deux paires de balancelles manœuvrant le filet-bœuf, et par quelques sardinaux.

Trois usines y fonctionnent; mais une seule offre de l'importance : bien outillée et installée, d'une manière pratique, cette usine a su se créer de sérieux débouchés. Elle pourrait, nous a-t-on dit, fabriquer 1500 à 2,000 boîtes de 1/4 chaque jour, vendues, sur quai d'Alger, de 32 à 34 francs le cent.

Tenès, à l'extrémité ouest du quartier d'Alger, arme 13 bateaux de pêche; c'est une véritable décadence, on en comptait trois fois plus, il y a une vingtaine d'années. Il n'en faut pas chercher la cause dans la diminution du poisson, mais bien dans l'absence de toutes voies régulières et faciles de transport, même par mer. Tout l'effort de la colonisation s'est porté naturellement sur les points mieux servis.

Le nombre des inscrits est de 85, dont 45 non encore naturalisés, parmi lesquels 7 ou 8 Espagnols; les autres sont des Napolitains de Sorrente ou de Procida, qui se sont cantonnés à « la Marine », dans un petit village à part.

La côte, généralement profonde sur toute la ligne que nous venons de suivre, se creuse ici plus brusquement encore; à 1 mille, au large, la sonde descend déjà à 100 mètres; à 3 milles, elle dépasse 400 mètres; par suite, à moins de les condamner, il serait difficile d'obliger les bateaux-bœufs à se tenir à la distance réglementaire.

On prend, à Tenès, de jolis rougets, des mérous, des pajots, des ombrines, des rascasses, rarement des thons, quelques langoustes, homards et cigales; la principale pêche est celle de l'allache, de la sardine, et de l'anchois qui, irrégulièrement, se montrent pendant les mois d'avril, mai, juin.

Les statistiques donnent les résultats suivants pour l'année 1888 :

Gros poissons de fond : 23,958 kilos, vendus exceptionnellement jusqu'à 2 francs le kilo. Homards et langoustes : 648.

Anchois : 11,672 kilos. 774,960 sardines et 1,347,880 allaches.

Il y a sur les rochers, dans des endroits d'abords dangereux, de riches amas de moules (grande moule d'Alger). On trouvait aussi, à l'embouchure de l'oued Allala, par 15 mètres de fond, des bancs naturels d'huîtres (*O. edulis*), qui ont aujourd'hui en partie disparu.

Enfin, à 3 milles au nord-nord-est, existent des coraux. Jusqu'en 1875, leur pêche était monopolisée par des Espagnols, qui, paraît-il, intéressaient nominalement leurs équipages aux bénéfices dans la proportion d'un quart. Ceux-ci ont renoncé à continuer leur enrôlement, par suite de certains désaccords avec les armateurs, et la pêche a cessé.

Ce repos permet aux bancs de se refaire. Ils se régénèrent, en effet, si on en juge par les magnifiques branches que les filets à poissons amènent par hasard, de temps à autre.

A Alger comme à Oran, et ainsi en est-il également, nous le verrons à Philippeville et à Bône, les arrêtés municipaux interdisent aux marins la vente directe de leur pêche, soit aux consommateurs, soit même aux revendeurs.

« Tout le poisson destiné à la consommation, dit l'article 1er de l'arrêté du 10 octobre 1883, actuellement en vigueur, doit passer par la pêcherie, où il est réparti en lots de une à cinq corbeilles, et vendu à la criée par le ministère gratuit du receveur de la pêcherie.

« Le poids de chaque corbeille ne peut excéder 10 kilos.

« Le vendeur et l'acheteur, pour chaque corbeille vendue ou achetée, payent le droit de stationnement ci-après : 1re catégorie, 1 fr. 25. — 2e catégorie, 0 fr. 15. — 3e catégorie, 0 fr. 05. — Les trois corbeilles d'allaches, 0 fr. 05. — Les thons de 20 à 30 kilos, 0 fr. 50; de 31 à 50 kilos, 0 fr. 75; au-dessus de 50 kilos, 1 franc.

« La corbeille, quelle qu'en soit la qualité, paye 0 fr. 10 pour colportage *extra muros*..... »

La classification des poissons, qui est faite dans cet acte administratif, n'est pas seulement intéressante par l'énumération des espèces, qui complète celle que nous avons pu donner, d'après nos relevés personnels; on y remarquera aussi l'importance qu'y prend la 1re classe, celle qui est le plus lourdement imposée; elle va du turbot, de la sole et de la daurade, jusqu'aux étoiles de mer et aux peu alléchants calmars[1].

Nous ne répéterons pas ce que nous avons déjà dit à ce sujet; constatons seulement que les mêmes causes produisent les mêmes

---

[1] Voici la transcription littérale de la partie de cet arrêté municipal qui contient la classification des espèces :

1re catégorie : Espadon, thon, bonite, pélamide, maquereau, ombrine, daurade, pageot, brochet, méro, loup, rascasse, grondin, mulet, poisson volant, esturgeon, rouget, goujon, alose, anchois, turbot, sole, barbue, carrelet, merlan, mustèle, congre, murène, anguille, serpent, langouste, homard, crevette, cigale, crabe, coquillages, dains, étoiles, saint-pierre, saumon, araignée, galinette, marbre, vache, flamme, barbillon, calmar.

2e catégorie : Saurel, pilote, bogue, oblade, sarran, baudroit, vieille, girelle, aiguille; plie, julienne, merlu, roussette, raie, écornette, rats, tortue, bouzong, jarrel.

3e catégorie : Requin, chien de mer, poulpe, seiche, sépiole, allache, sardine.

effets. Tandis que le pêcheur obtient à peine 0 fr. 50, 0 fr. 60, ou tout au plus 0 fr. 75 d'un poisson qu'il a si péniblement capturé, au prix de mille fatigues et de mille dangers, les revendeurs, des Maltais le plus souvent, attendent tranquillement son arrivée, de pied ferme, sur le quai, à l'abri de la mer, et, bien d'accord entre eux pour le dépouiller à leur profit, lui imposent leur loi, et après lui, s'en vont exploiter le consommateur, duquel ils savent tirer des prix de 2 francs et plus par kilogramme.

C'est là une grosse question, d'un intérêt considérable pour la fortune de nos marins, mais dont la solution n'est malheureusement pas des plus faciles.

Le marché d'Alger absorbe d'énormes quantités de poissons. Les produits vendus en 1889 ont atteint deux millions de kilogrammes, d'une valeur de 800,000 francs. La moyenne des perceptions municipales est de 80,000 francs.

Outre les droits perçus au profit de la ville, le vendeur doit encore supporter les frais du mandataire, qui retient 5 p. 100 sur le produit de la vente à la criée. Ce mandataire est l'homme de confiance des pêcheurs; il fournit les paniers, fait des avances de fonds, procède à la vente, et en perçoit le prix dont il effectue ensuite la répartition; au moment même de la vente, c'est lui qui fixe la première enchère, puis il pousse jusqu'à ce qu'il juge le prix suffisant. Il empêche ainsi, dans une certaine mesure, que l'adjudication ne soit prononcée à un prix dérisoire. Si son enchère n'est pas couverte, il reste acquéreur du poisson, et le détaille pour son propre compte; le cas est fréquent, il ne manque surtout guère de se produire, lorsqu'il s'agit d'une belle pièce.

La majeure partie du poisson débarqué à Alger est consommée à l'état frais, sur place, ou dans la région. Cependant, quelques expéditions sont faites en glacières sur Marseille; la maison Schiaffino ne manque guère d'en donner un chargement à chaque bateau postier direct. On choisit pour cela le plus beau poisson, et on le place par lits dans de grandes caisses, dans lesquelles le sel est remplacé par de la glace. Le frêt est peu élevé, 10 francs la tonne, ordinairement, et ne grève pas trop lourdement la marchandise qui, à Marseille, atteint des prix plus que doubles de ceux d'Alger.

Mais bien autres encore sont les exportations de salaisons (sardincs, allaches, et surtout anchois). En voici le tableau pour l'année 1889 et pour une partie de 1890.

	DESTINATION.	MAI.	JUIN.	JUILLET.	AOUT.	TOTAUX.
1889....	France.............	13,600	165,600	32,749	91,073	303,022
	Malte.............	19,500	6,870	600	45,565	72,535
	Espagne............	1,000	200	»	»	1,200
	Italie.............	36,300	23,130	19,980	24,050	103,460
	Tunisie...........	»	»	26,040	»	26,040
1890....	France.............	33,939	110,320	»	»	»
	Malte.............	5,600	27,000	»	»	»
	Tunisie............	120	»	»	»	»
	Italie.............	47,600	50,620	»	»	»

Ces chiffres sont incomplets; ils ne comprennent pas les salaisons exportées directement en Italie par les pêcheurs italiens. La plupart de ceux qui viennent en contrebande, font leurs préparations à bord, et échappent ainsi à tout contrôle, comme à toute surveillance.

III.

QUARTIER DE PHILIPPEVILLE.

Le quartier de Philippeville, dont nous allons voir la grande importance, embrasse 300 kilomètres de côtes, de l'île Pisan au cap de Fer. Il se subdivise en plusieurs syndicats, et compte comme principaux centres de pêche, intéressants à visiter, Bougie et Djidjelli, et le groupe remarquablement actif formé par Philippeville, Stora, et Collo.

Bougie. — Le massif montagneux, sur lequel repose la grande Kabylie, pousse au loin de tous côtés ses puissants contreforts ; au nord, ils s'avancent hardiment jusqu'à la mer, dont les flots frémissants déchaussent lentement leurs assises.

Des torrents, que les pluies d'hiver ou les orages enflent en quelques instants, et dont les subites colères sont redoutables, déracinent les vieux arbres, entraînent les terres, désagrègent la roche et en roulent violemment les éclats, creusant sur leur passage de profonds ravins ; ici, à parois presque verticales, resserrées, sauvages, impropres à toute culture, plus loin, moins étroites, encore recouvertes d'un fertile humus, où croît l'épaisse forêt, ces vallées sont alors autant de riches sillons que l'homme peut féconder. Cependant, le capricieux oued poursuit son cours; à mesure qu'il avance, la montagne s'écarte davantage devant lui, la vallée devient plaine, et plus tranquille, presque majestueux, il s'étale en une large nappe, et arrive à son embouchure. Tel est l'oued Sahel, lorsqu'il atteint Bougie sous le nom de Sumame.

Ses eaux, jaunes du limon qu'elles entraînent, s'échappant par la brèche qu'elles se sont ouverte, pénètrent dans la mer qui les reçoit comme à regret, et se défend de leur contact impur; incessamment refoulées par une forte barre, elles se répandent en éventail en avant de la rive; une zone, nettement tranchée, d'un bel émeraude, les sépare de la mer bleue, qui reste immaculée, et, alors, chose étrange, ce sévère blocus, le torrent, dans ses plus furieux débordements, est impuissant à le rompre, de même qu'à son tour il résiste victorieusement aux violents assauts de la tempête. Ces deux forces toujours en lutte, s'acharnent l'une contre l'autre, sans jamais s'épuiser ni se vaincre.

Fièrement campée sur un dernier escarpement, gardée par les forts qui couronnent les crêtes, à près de 700 mètres d'altitude, Bougie domine cette arène liquide aux trois couleurs, qui enveloppe en amphithéâtre, sur les deux tiers de sa circonférence, une chaîne ininterrompue de hautes montagnes déchiquetées. Autour d'elle, la vigne et les cultures prennent peu à peu la place de l'ancien maquis; le fond de la plaine, fécondé par les bienfaisants apports de l'oued, est couvert d'une magnifique végétation, qui le transforme, sous les éclats du soleil, en une autre Conque d'or.

Tour à tour capitale d'un petit royaume, ou refuge de forbans, si elle est aujourd'hui déchue de ses fastes passés, elle ne s'en trouve ni moins riche ni moins heureuse; car, tandis que le paisible colon défriche un sol fertile, le pêcheur peut se risquer librement sur la mer, et lui demander ses richesses, désormais dégagé de toutes craintes sur le fruit de ses labeurs.

La population maritime de Bougie comprend 160 inscrits, sur lesquels 4 Français de naissance, tous anciens douaniers, une trentaine d'indigènes, et le reste Italiens naturalisés; mais la plupart de ces hommes ne se livrent que très accidentellement à la pêche, une vingtaine seulement vivent exclusivement de cette industrie. La baie n'est pourtant pas moins poissonneuse que celles que nous venons de quitter; mais la difficulté des voies de communication, et le peu d'importance des agglomérations voisines d'habitants, paralysent la pêche, et ne lui permettent pas de prendre un plus grand essor.

En dehors de ces marins sédentaires, quelques Corses viennent, vers le mois de mai, pêcher l'anchois, mais ils dédaignent la sardine et la rejettent à l'eau. Les Italiens, qui ne craignent pas de venir marauder jusque dans les eaux territoriales, sont moins difficiles, et prennent indifféremment l'une et l'autre espèce.

La sardine ne s'éloigne jamais de la côte; l'hiver, elle pénètre dans

Pêche au lamparo dans le port de Bougie.

le fond du golfe, en plein port même; passé le mois d'avril, il faudrait aller la chercher à quelques milles plus loin. Assez bonne pour la consommation à l'état frais, elle ne supporterait guère la préparation, assure-t-on; mise en barils, elle se fondrait en quelque sorte, au point de perdre moitié de son volume. C'est par là qu'on explique, dans le pays, le peu de succès et la disparition de la seule usine qui se fût créée sur cette plage.

On prend le maquereau, la bonite et l'anchois de mai en août, au grand phare, et aux environs des îles Pisan et Mansouriah. La salaison se fait à terre, dans ces îles.

Les mulets, assez abondants et de belle taille, remontent l'oued à 20 kilomètres de son embouchure; le sahel est également peuplé d'aloses, d'anguilles et de barbeaux.

Les balancelles de Bougie tiennent mal la mer, aussi restent-elles souvent huit jours au mouillage, et ne se hasardent-elles jamais à sortir la nuit. Le lamparo qu'elles portent a des bras de 50 mètres de longueur sur 2 ou 3 mètres de hauteur, avec de larges mailles à l'extrémité la plus étroite. La largeur des ailes augmente, ainsi que la finesse des mailles, à mesure qu'on se rapproche de la partie centrale, auprès de laquelle elles mesurent 8^{mm}; il est lesté

Bœuf à voiles de Bougie.

de plombs, et soutenu par des paquets de lièges grossiers espacés de 10 en 10 mètres. Sa poche ne doit pas être plombée; elle est longue de 20 à 25 mètres, et possède une ouverture dont le diamètre dépasse de beaucoup la hauteur des bras du filet; celui-ci, dévidé en cercle, est tiré facilement par deux hommes sur la barque. Nous en avons fait donner plusieurs coups sous nos yeux, dans le port, à quelques mètres du quai, entre les barques amarrées, de jour et au milieu du bruit; chaque fois il a ramené de magnifiques mulets de 2 à 3 kilogr., des daurades, des rascasses, de jeunes aloses et des sardines.

Ce fond de rade est, du reste, une réserve; les pêcheurs, économes de ses richesses, n'y jettent leurs filets que lorsque le marché est au dépourvu; c'est double avantage, car ils vendent plus cher et épargnent un poisson qu'ils savent ne pas quitter leurs eaux. Ce sage exemple n'est pas moins rare, qu'il est bon à citer.

D'autres barques pêchent au sardinal et à la senne de plage. Il y a, en outre, un palangrier et trois paires de bœufs.

Désireux de nous rendre compte de l'abondance du poisson dans le golfe, nous avons assisté, le 1er mai, à une pêche pratiquée avec ce dernier engin. La cale a été faite de l'autre côté du port, à 15 milles environ; elle a duré 3 heures et a produit 400 kilogr. de fort joli poisson, notamment de gros rougets, et des merlans de 60 centimètres; il s'en rencontre, de ces derniers, de $0^m,80$ à 1 mètre. Une deuxième cale, donnée aussitôt après, a encore ramené 250 kilogr. de poissons de même qualité.

Voici, d'ailleurs, le relevé des pêches d'une paire de bœufs, pendant les jours précédents :

22 avril..	400 kilogr.
24 —	600 —
25 —	300 —
26 —	600 —
27 —	150 —
30 —	400 —
1er mai..	700 —

Nous avons été frappés de la quantité relativement infime de menu fretin trouvé dans la poche du filet-bœuf; ce n'est pas à dire, cependant, que les arts traînants ne causent pas de notables dommages sur certains points; mais comme, en définitive, leur nombre est encore très restreint, et qu'il est impossible de les promener indifféremment sur tous les fonds, il reste au jeune poisson d'assez vastes retraites où il peut en paix naître et grandir.

Les balancelles à bœufs de Bougie ne jaugent que 7 tonneaux; gréées et armées, elles valent 6,000 francs. Le produit de chaque paire peut être évalué, annuellement, à 7,000 francs, somme à partager dans la proportion suivante : bateau, 3 parts; patron 1 part 1/2; matelot, 1 part; novice, 3/4, et mousse, 1/2.

Pour la petite pêche, la proportion est un peu différente : l'armacur prend 1 part 1/2; le patron, 1 part; le matelot, 1 part; le novice, 3/4 de part, et le mousse, 1/2 part.

On peut estimer le gain moyen du pêcheur à 3 ou 4 francs par journée de 4 à 6 heures de travail.

On pêchait naguère du corail rose à Mansouriah; mais les bancs sont aujourd'hui complètement abandonnés.

Nous signalerons aussi, de l'autre côté de la baie, sous le couvert de la petite île de Mansouriah, une anse très abritée, avec fonds de sable de 2 à 6 mètres de profondeur, dans laquelle, vraisemblablement, on pourrait utilement créer des parcs d'élevage pour divers coquillages.

Avant de quitter cet intéressant syndicat de pêche, donnons le relevé des produits de la campagne dernière (1889) :

ESPÈCES ET POISSONS.	QUANTITÉS par espèces.	PRIX du kilogr.	PRODUIT.	OBSER-VATIONS.
	kilogr.	fr. c.	fr. c.	
PÈCHE AU BOEUF. — PETITE PÊCHE.				
Maquereaux frais (kilogr.)	1,137	0 95	1,080 15	
Sardines (39 au kilogr.)	11,564	0 35	4,047 40	
Anchois (42 au kilogr.)	8,050	0 50	4,025 00	
Divers	94,483	0 80	75,586 40	
Bonites	16,336	0 55	6,738 60	
Allaches (36 au kilogr.)	2,269	0 25	567 25	
Total de la pêche au poisson	133,829	»	92,044 80	
Langoustes	1,729	1 75	3,025 75	
Coquillages	1,295	0 30	388 50	
Total général	136,853	»	95,459 05	

Récapitulation des pêches, déduction faite des poissons salés.

Pêche au bœuf.............. 92,491k
Petite pêche.............. 41,338k
Total.............. 133,829k   Poissons salés, 12,500k.

Exportation à l'intérieur et à Alger........ 42,700k }
Consommation locale.............. 78,629k } 121,329k (frais) } 133,829k
12,500k (salés) }
Total.............. 121,329k

Djidjelli. — Dans le formidable tremblement de terre qui, il y a quelque trente-cinq ans, ébranlait sur leurs bases les côtes de l'Algérie, Djidjelli fut un des points les plus cruellement éprouvés; pas une maison ne resta debout, et les habitants frappés de terreur abandonnèrent ce lieu de désolation. Après un certain nombre

d'années, cependant, la malheureuse petite ville s'essaya timidement
à sortir de ses décombres; à quelques pas de son ancien emplace-
ment, dans cette même plaine, naguère dévastée, on fit un tracé
nouveau, avec de larges rues droites, et de belles avenues qu'on
planta de grands arbres; mais, bien que le pays paraisse, à tous
égards, favorable à la colonisation, les maisons s'élèvent lentement,
et la population est encore peu nombreuse. Il est vrai de dire que
les voies d'accès font à peu près complètement défaut par terre, et
qu'un seul bateau côtier français s'y arrête régulièrement, chaque
semaine, pour y déposer un léger courrier.

On comprend que, dans de telles conditions, Djidjelli soit un
centre de pêche peu actif, et pourtant, à ce point de vue, ses eaux
offrent un intérêt tout spécial, non pas seulement parce que leur
faune ichtyologique est très riche, mais aussi et surtout à cause de
l'extraordinaire abondance des beaux crustacés qu'on y trouve, et
qui la caractérisent absolument.

La côte très basse n'est pas abritée, aussi la mer y brise-t-elle
avec force, et y est-elle sujette à de fréquentes et dangereuses tem-
pêtes. Les pêcheurs peu aguerris, ne l'affrontent pas volontiers, et se
risquent rarement à sortir de la baie; ils sont, en tout, au nombre
de 63, dont 19 Français, ou Italiens naturalisés, 30 Arabes, et
quelques Maltais ou Espagnols.

Deux bateaux sont armés pour la pêche de l'anchois et de la
sardine, d'ailleurs peu abondants. Huit portent des palangres et
prennent principalement des pajots, des mérous et des sars, — quatre
emploient la traîne et le tramail, — il n'y a pas un seul filet-bœuf.
Le tartanon, ou gangui à crevettes, est appliqué surtout à la prise
des crevettes pour appât.

Les lignes de traîne sont amorcées avec des plumes de goélands;
elles ne capturent pas moins de 7 à 8,000 kilogrammes de bonites,
autant que les thonnaires, également en usage dans ce port. C'est
avec ce premier engin qu'on prend le maquereau.

Aux espèces que nous avons déjà énumérées, et qui abondent sur
cette plage, il convient d'ajouter le merlan, la rascasse, le roucaou,
l'ombrine, le poisson Saint-Pierre, le mulet et le loup, la bogue,
la daurade, le gobie, la girelle, la mustèle, le saurel, le grondin,
la raie, la baudroie, la murène, le congre, le bigorneau et la moule.

L'oursin se pêche à pied, et de la façon la plus primitive, à l'aide de cannes en roseau, dont le bout est éclaté en trois, ou bien avec des débris de filets attachés à un bâton.

Les poulpes sont pris à l'hameçon, et utilisés pour amorces. Cependant, il n'est pas rare que l'appât fasse complètement défaut, et que les pêcheurs soient obligés de chômer. Ils travaillent en moyenne trois mois à terre, et 9 mois à la mer.

Le produit de la pêche du poisson a été de 51,676 francs en 1888, et de 62,851 francs en 1889 [1].

Le corail se trouve par des fonds de 15 à 18 mètres. Il a été pêché pour la dernière fois, en 1881, par quatre bateaux, qui en prirent encore, cette année-là, environ 300 kilos. Depuis, il a été complètement abandonné, par suite de la baisse de prix. Un seul bateau, l'*Étoile-du-Nord*, a été armé en 1889, mais il est parti presque aussitôt pour Philippeville.

Le massif qui s'élève entre Djidjelli et Collo, est sillonné par des oueds à cours constant, qui coulent sur fonds granitiques, et sont pour la plupart peuplés de truites. La présence de cette espèce, égarée sur ce petit coin de terre de l'Afrique du Nord, est assez curieuse pour mériter d'être signalée :

Elle est remarquable par sa forme ramassée, trapue, sa tête courte, obtuse, sa robe généralement sombre, gris foncé sur le ventre, noire sur le dos, avec des reflets bleus, et une série de grosses macules noires inégalement semées au-dessus de la ligne médiane, et jusque sur la nageoire dorsale et sur la queue ; les flancs sont mordorés. Le vomer est armé d'une double rangée de fortes dents. La taille moyenne est de $0^m,17$ à $0^m,20$, pour un poids correspondant de 100 à 125 grammes ; mais on trouve, dans les remous profonds, sous les chutes, des individus beaucoup plus grands. Duméril avait proposé de la dénommer *S. macrostigma*, à cause précisément

[1] Il a été pêché en 1888 et 1889 :

		1888.	1889.	Prix du kilogr.
Maquereaux	kilogr.	2,826	2,223	0f75
Sardines	nombre	172,224	3,986	0 50
Allaches	—	310,908	6,600	0 25
Anchois	kilogr.	5,848	1,806	1 00
Bonites	—	2,837	15,860	0 75
Autres espèces	—	33,770	31,549	0 70
Moules	hectol.	1,710	10,304	0 80
Autres coquillages	—	7,445	7,744	0 60
Crevettes	kilogr.	1,523	601	1 50

des taches caractéristiques de sa robe. Elle appartient à l'espèce commune *S. fario*, ou *S. ferox*.

Cette truite fut découverte, vers 1857, par M. le colonel Lapasset, commandant supérieur du cercle de Philippeville. Son aire de dispersion, autrefois plus vaste, s'est notablement réduite ; il est à craindre qu'elle ne disparaisse un jour complètement, si le braconnage, qui l'a déjà décimée, n'est pas réprimé plus sévèrement qu'il ne l'a été dans le passé.

L'extrême abondance du poisson permettrait assurément à Djidjelli de devenir rapidement un centre de pêche considérable, le jour où il serait doté de voies de communication rapides et fréquentes ; ce n'est pourtant pas encore là qu'est sa plus grande richesse : on trouve à 6 milles, à l'ouest du cap Afiah, d'énormes quantités de superbes langoustes qu'on prend actuellement en nombre à peu près illimité. On en capture jusqu'à 8,000 et 10,000 par an, du poids de 1 à 5 kilos; la ville même en absorbe une très faible partie; ces crustacés sont exportés sur Alger au prix moyen de 2 francs le kilo.

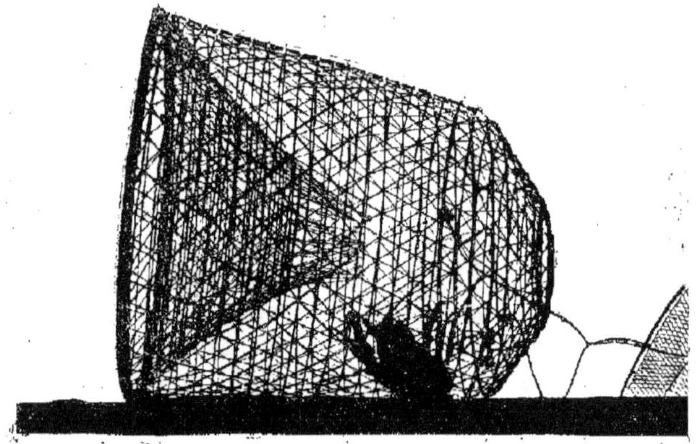

Nasse à langoustes à Djidjelli.

Cette pêche ne donne assurément pas tout ce qu'elle pourrait donner si les transactions commerciales devenaient plus faciles. Elle n'est actuellement exercée que par six bateaux, montés chacun par trois hommes, et qui rarement s'aventurent au delà du point que nous avons indiqué.

L'engin en usage est, comme en France, une nasse, ou casier,

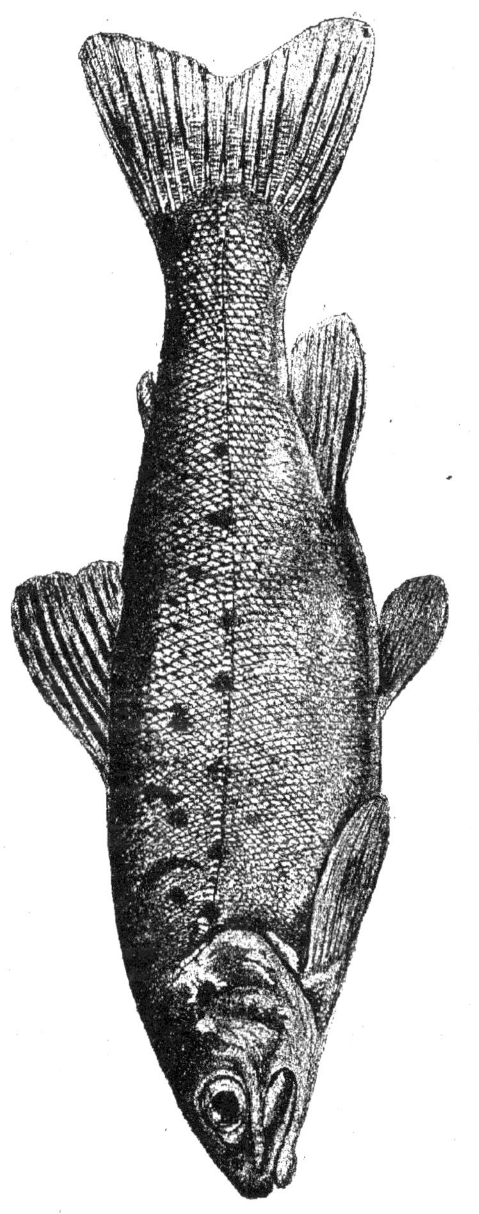

Truite de Collo (d'après nature).

en forme cylindro-conique de 1 mètre environ de longueur, qu'on
appâte avec de la seiche, de la sardine, ou du chien de mer.

On ne rencontre qu'exceptionnellement le homard sur ces mêmes
fonds. Il est rare, d'ailleurs, de voir ces deux espèces vivre auprès
l'une de l'autre en égale abondance.

Djidjelli.

Lorsqu'on visite Djidjelli, on ne peut pas n'être pas frappé par la
disposition naturelle de sa vaste rade. Sa profondeur va de 2 à 10
mètres; ses eaux limpides comme celles des fontaines, son fond uni
de sable dur ou de roche, un heureux mélange d'eaux douces déver-
sées par plusieurs oueds, en feraient, semble-t-il, un vaste et magnifique champ d'expérimentation pour la culture artificielle des pintadines et des éponges, ou tout au moins pour celle de nos meilleures
huîtres. En son état actuel, elle est trop violemment battue, peut-
être, par la houle du large; mais, avec quelques ouvrages de peu
d'importance, en reliant le phare à la côte, suivant la ligne de
rochers qui émergent çà et là, elle serait transformée en un havre
tranquille, qui ne tarderait pas à devenir, par les applications des
sciences naturelles, un riche parc d'élevage. Nous ne saurions trop
vivement souhaiter de voir ces vœux prochainement réalisés.

Philippeville. Stora. Collo. — Philippeville date d'hier, peut-on dire, et déjà, par le rapide développement qu'elle a pris, par son activité, par son mouvement commercial, elle a toutes les apparences d'une grande ville. Fondée, il y a cinquante ans, sur les ruines effacées de l'ancienne Rusicade, à la porte de la Grande-Kabylie, elle doit à sa situation, non moins qu'au port magnifique dont la métropole l'a généreusement dotée, sa remarquable prospérité et son vif essor. Le colon, il faut le reconnaître, y a puissamment aidé en fertilisant la plaine, et en attaquant vaillamment l'épaisse forêt, que peuplent encore les grands fauves.

Il y a entre elle et Oran une frappante analogie; comme celle-ci, elle a été créée de toutes pièces; le choix du port de l'une n'a pas été moins vivement débattu que celui de l'autre, et ils ont été creusés péniblement, après une lutte difficile contre la mer, dont les furieux assauts menacent incessamment leurs ouvrages avancés; tandis qu'auprès d'eux on trouve les splendides havres naturels de Mers-el-Kébir et de Stora, où vont seuls mouiller nos plus lourds navires de guerre, mais dont la configuration des lieux ne permettait pas de faire le noyau de villes populeuses.

Comme Oran, Philippeville est un centre de pêche d'une énorme importance; peut-être même faut-il le mettre au premier rang en Algérie. Ici encore l'allache, la sardine et l'anchois sont les espèces dominantes parmi celles auxquelles on s'adresse de préférence; leur pêche dure six mois, et pour l'an dernier seulement (1889) il n'en a pas été préparé moins de 1,200,000 kilos. C'est en mai qu'elles se montrent en bancs plus serrés, se rapprochant des côtes sous la poussée des gros vents du large. Stora en est de beaucoup le centre de pêche le plus actif.

Rien n'est plus curieux et n'a plus de caractère que cette large plage sablonneuse, qui a pour fond, immédiatement au premier plan, un imposant massif de montagnes aux croupes escarpées, couvertes d'un épais manteau de futaies ou de taillis. Séparées de la mer par la grand'route de Philippeville, pressées les unes contre les autres, les usines et les maisons de marins s'élèvent en ligne sur l'étroite bande de terre restée libre, ou bien s'accrochent aux dernières pentes.

Sur la berge légèrement déclive, au milieu des barques halées à terre, s'agite une foule bigarrée d'hommes, de femmes et d'enfants, ceux-ci jouant avec le flot tranquille, comme pour s'en faire aimer, ceux-là travaillant, qui au radoub ou à la peinture des embarcations, qui au ramendage des longs filets mollement étendus sur le sable, et par moments, perçant tous les bruits de ce populeux chantier, une voix mâle et sonore module mélancoliquement quelque vieux chant napolitain.

Puis, tout à coup, lorsque le soleil va finir sa course, dorant les falaises de ses derniers feux, un mouvement se produit dans cette foule, les patrons assemblent et commandent leurs équipages, on plie vivement et on charge les filets, à grands efforts on pousse les barques à l'eau, en se prêtant un vigoureux coup de main, les poulies grincent sous la traction des cordages, on largue les voiles qui s'enflent au vent du soir, la flottille s'éloigne en se dispersant, cinglant joyeusement, le cap sur les points où sont signalés les bancs, et se perd bientôt dans la brume, pareille à un vol d'oiseaux de mer, tandis que, sur la grève devenue silencieuse, sous le ciel qui s'assombrit, errent seules quelques femmes de pêcheurs, la mine hâve, anxieuses si la brise vient à fraîchir chassant devant elle et les énormes vagues aux crêtes blanches qui se brisent lourdement sur la côte, et les gros nuages noirs sinistres précurseurs de la tempête.

Les bateaux travaillent une partie de la nuit, manœuvrant le sardinal ou le lamparo.

Un matin, lors de notre passage, 65 barques de Stora sont rentrées avec quarante tonnes d'anchois, ce qui, à raison de 55 francs la tonne, leur constituait un gain de 22,000 francs ; sans être très fréquentes, de telles aubaines ne sont pas extraordinaires.

Le poisson est d'excellente qualité et se prête parfaitement à la préparation en conserves; néanmoins, la friturerie a été en partie abandonnée, par suite de la difficulté de lutter de prix avec les industries similaires établies en Portugal. Sur les six usines, actuellement ouvertes à Stora, trois sont grecques ou italiennes, ne font que la salaison, et expédient à Malte, en Grèce, et à Livourne; les autres sont françaises, et font, avec la salaison, quelques préparations en boîtes, qu'elles vendent à Marseille. L'une de celles-ci, l'usine Riquier, occupe 50 personnes et arme 13 bateaux; elle a partagé entre ses équipages, une somme de 10,000 francs pour une seule quinzaine du mois de mai dernier.

Stora.

Les usiniers se plaignent d'être insuffisamment approvisionnés; ils appellent de leurs vœux une immigration de pêcheurs français, qui, sans aucun doute, trouveraient de leur part l'assistance et les secours nécessaires à leur établissement.

On compte en moyenne 36 à 40 sardines, et 40 à 45 anchois au kilo. Les allaches sont plus fortes. Quant à leur prix, il est très différent, suivant que ces poissons ont été capturés au sardinal ou au lamparo; tandis que dans celui-ci ils sont pressés en masse, au moment de la traction, serrés, souvent écrasés les uns contre les autres, perdant une partie de leurs écailles dans ce froissement, ils se maillent par la tête dans le sardinal, restent pris sans faire d'efforts pour se dégager, et sont ramenés entièrement intacts, avec plus de fraîcheur; tel est, du moins, le sentiment des usiniers de Stora. Nous avions fait une remarque semblable, dans un précédent rapport, à propos des pêches pratiquées sur nos plages de l'Océan par les sennes et par les filets dérivants. Les sardines prises au sardinal se vendent sur place 20 francs les 100 kilos, les anchois 50 francs. Ce prix est réduit exactement de moitié pour ces mêmes poissons capturés au lamparo. Tous frais payés, il reste à l'usinier un bénéfice net de 30 p. 100, sauf, bien entendu, les risques ordinaires du commerce.

Le poisson foisonne littéralement dans ces eaux fécondes. On y prend, entre autres, d'excellentes soles, vendues facilement à Philippeville 1 fr. 50 le kilo, des rascasses recherchées au même prix, des loups vendus 1 fr. 25; les mérous, les congres, et les murènes ne dépassent guère le prix de 10 francs les 100 kilos; les merlans atteignent celui de 60 francs. Ils sont, en général, de très grande taille; quelques-uns arrivent au poids, vraiment extraordinaire pour des merlans, de 13 kilos; l'hiver dernier, un palangrier en ramena en même temps trois qui pesaient ensemble 35 kilos.

Le tableau qui suit donnera une idée exacte de l'importance de la pêche; il s'applique à l'année 1889, et comprend les produits réunis de Philippeville, Stora, et Collo.

ESPÈCES de poissons.	UNITÉS.	QUANTITÉS par espèces.	PRIX MOYEN du kilogramme. f. c.	PRODUITS. f. c.	OBSERVATIONS.
PÊCHE AU BOEUF.					
Diverses............	kilogr.	110,000	0 50	55,000 00	
PETITE PÊCHE.					
Diverses................	kilogr.	294,523	0 50	147,561 50	
Langoustes et cigales......	nombre.	7,212	1 50	10,818 00	1 kilogr. en
Thons................	kilogr.	5,331	1 00	5,331 00	moyenne.
Coquillages 1........	—	55,044	0 35	19,264 70	67 kilogr. à
Anchois............		208,770	0 70	146,139 00	l'hectolitre.
Sardines..............		567,075	0 20 et 0 25	139,393 75	
Allaches..............	—	339,769	0 12, 0 13, 0 15	45 569 85	
Maquereaux............	—	77,323	0 50	38,661 50	
Bonites........	—	57,529	1 00	57,520 00	
Crevettes....	—	985	2 50	2,462 50	
TOTAUX	....	1,723,559	....	567,130 30	

1 Comprennent surtout les moules.

On trouve en outre dans ces fonds d'assez belles éponges, que ramènent accidentellement les filets traînants, et des bancs naturels d'huîtres (o. *edulis* et o. *plicatula*), des clovisses, des bigorneaux, des saint-jacques et divers autres coquillages.

Le corail comptait autrefois parmi les produits de la mer, à Philippeville; il est aujourd'hui à peu près complètement délaissé. Quelques bateaux avaient armé pour cette pêche, encore l'an dernier; mais ils ont dû y renoncer par suite de l'impossibilité d'assurer l'écoulement des produits. On nous citait un négociant de la ville qui a conservé un stock, dont on ne lui offre pas même 20 francs le kilogramme. Il est permis d'espérer que ce repos forcé permettra aux minuscules architectes de reconstituer leurs précieux édifices sous-marins, et d'amonceler des richesses pour l'avenir.

La pêche est exercée, dans les trois ports que nous visitons, par 147 bateaux, montés par 630 hommes, qui se répartissent ainsi : 200 pour la pêche aux palangres, 50 sur les bateaux-bœufs; 24 emploient les nasses, et le surplus divers engins, entre lesquels nous citerons la tartanelle, le lamparo et quelques rares tramails.

Parmi les pêcheurs, quelques-uns, en très petit nombre, sont Français (Corses surtout); une cinquantaine sont d'origine maltaise; les autres Italiens, naturalisés ou en instance de naturalisation.

La tartanelle est une petite senne, dont la maille réglementaire est de 20ᵐᵐ. Les pêcheurs voudraient voir cette mesure réduite à 11ᵐᵐ, et, au premier abord, il ne paraît pas que cela puisse avoir de bien graves inconvénients; toutefois, la question est à examiner de plus près.

La grande lampare n'est autre que le lamparo, avec des dimensions supérieures; ses ailes mesurent jusqu'à 100 mètres de longueur, sur une hauteur atteignant 15 mètres à l'endroit où elles se soudent à la poche; celle-ci n'a jamais moins, et mesure parfois 80 à 90 mètres de circonférence. Son prix de revient est de 600 à 700 francs.

Quoique de telles dimensions donnent à cet engin une grande puissance, qu'on développe encore en joignant les ralingues inférieures de la poche jusqu'à la partie plombée, ou en la lestant elle-même, ce qui en fait alors un art traînant, il ne donne lieu à aucune des plaintes qui se sont produites à Alger, et qui y ont momentanément motivé son interdiction. Bien mieux, les palangriers protesteraient plutôt contre sa suppression, car c'est à lui qu'ils demandent la presque totalité de la boëte dont ils se servent.

La pêche au bœuf est des plus productives; il n'est pas rare que ce filet ramène 600 et 700 kilogr. de beau poisson, en une seule câle. En un an, deux paires de bœufs en ont envoyé à Constantine 10,000 kilogr. par mois, soit, pour neuf mois de pêche, une quantité de 90,000 kilogr.

Cette extraordinaire richesse des eaux y attire fréquemment des pêcheurs étrangers, qui viennent en fraude les dévaster, au préjudice de nos nationaux, presque sous les yeux d'une administration vigilante, mais sans armes pour les protéger.

Lors de notre passage on signalait l'arrivée de 40 balancelles italiennes, armées pour faire clandestinement la pêche. Quatre d'entre elles ont seules été saisies, jetant leurs filets dans les eaux territoriales. Le poisson trouvé à leur bord a été vendu aux enchères 2,535 francs; c'est assez dire l'importance des dommages qui sont ainsi causés.

Malgré toute l'activité de la pêche et l'abondance du poisson, le marché de Philippeville est incomplètement pourvu. Outre la consommation locale, qui est considérable, il y aurait à répondre à des demandes du dehors, toujours loin d'être satisfaites; Constantine et Marseille ont reçu chacune, l'an dernier, 200 tonnes de poisson, et elles auraient pris bien davantage. Les usiniers, de leur côté, seraient tout disposés à armer de nouveaux bateaux, s'ils avaient des équipages pour les monter.

On doit donc regretter que les démarches actives, tentées par le commissaire de l'inscription maritime à Philippeville, M. Faure, pour attirer des marins français, de ports où la mer ne suffit pas à les nourrir, dans ceux-ci où on leur aurait fait des conditions avantageuses, n'aient pas été couronnées de succès.

IV.

QUARTIER DE BONE.

Adossée aux masses noires de l'Edough, qui séparent le pays kabyle de celui des Khroumirs, au fond d'une baie riante, Bône, dont l'origine se perd au loin dans l'histoire, commande une plaine d'une remarquable richesse, arrosée par les torrents qui descendent bruyamment des montagnes. Longtemps possédée par les rois de Tunis, elle leur fut enlevée, au commencement du XVIe siècle, par les Génois, sur qui, à son tour, le bey d'Alger ne tarda pas à la conquérir. C'était, en effet, la clef d'une province digne de tenter un conquérant, car ses terres et ses eaux renfermaient des trésors. Ce n'est, cependant, que depuis notre occupation, après la création de son magnifique port de commerce, et l'ouverture de routes et de voies de fer, que cette précieuse colonie a tenu toutes ses promesses et pris vivement son essor.

Bône est le chef-lieu d'un quartier maritime, qui, s'il a une étendue notablement inférieure à celle des précédentes circonscriptions que nous venons de parcourir, ne le leur cède en rien au point de vue qui nous occupe. Nous retrouverons dans ses eaux une même variété d'espèces, une abondance au moins égale, une semblable activité industrielle, en somme, une situation à peu de choses près équivalente dans son ensemble. C'est pourtant, le seul quartier où la pêche du corail soit encore en exercice, nous ne disons pas en pleine prospérité. Cette pêche, autrefois pratiquée sur presque toute l'étendue de notre littoral algérien, est actuellement, tant par suite de l'épuisement des bancs, qu'à cause de la défaveur dans laquelle est tombé ce produit, exclusivement confinée à la Calle, port de pêche assez important pour avoir formé à lui seul un quartier, mais qu'une récente décision ministérielle (13 août 1885) a converti en syndicat, et rattaché à celui de Bône.

Nous allons en énumérer rapidement les principales ressources.

La sardine de Bône est d'excellente qualité, comme celle de Stora; mais la pêche en est très irrégulière; de 15 millions d'individus, pris en 1885, elle est tombée à 3,800,000 en 1888, pour remonter à plus de 17 millions l'an dernier. Elle se vend jusqu'à 25 francs les 100 kilogr., sans que les usiniers, moins exigeants que ceux de Philippeville, fassent de différence sérieuse entre celles ramenées par le lamparo et celles capturées par le sardinal.

L'anchois n'est pas moins capricieux dans ses passages; la campagne dernière en a produit près de 126,000 kilogr., contre 27,000 seulement pendant la précédente; il pèse en moyenne 50 grammes, et se vend 52 francs les 100 kilogr.

L'allache, qu'on ne peut pas séparer des deux premières espèces, en Algérie, est cependant ici un peu moins abondante; il en a été pris 1 million environ en 1884 et en 1885, un peu moins de 800,000 en 1888, et 5,280,000 en 1889. Sa taille n'est guère supérieure à celle de la sardine; elle se vend moitié moins.

Un seul industriel exploite une friturerie; il y a quatre à cinq usines pour la salaison, qui dirigent leurs préparations sur la Grèce, sur l'Italie, et sur l'Autriche par Trieste.

Le nombre des bateaux de pêche du quartier est de 117; mais, en outre, une trentaine sont armés au batelage, et se livrent aussi, entre temps, à la pêche aux lignes, en dehors de leur service ordinaire. Ces embarcations appartiennent généralement aux pêcheurs; parfois même elles constituent des propriétés de famille; mais si, de ce côté, les marins se trouvent dégagés de toute dépendance, il n'en est pas de même, nous le verrons plus loin, quand il s'agit de l'écoulement des produits.

Quatorze de ces bateaux font la pêche au bœuf; ils sont montés chacun par sept hommes; leur capacité est de 10 tonneaux. On peut estimer le rendement moyen d'une cale à 280 kilogr. de poisson.

Une trentaine d'embarcations, ayant chacune quatre hommes d'équipage, pêchent au lamparo.

Les bœufs et les lamparos sont dans la main de pêcheurs italiens naturalisés, ou en instance de naturalisation depuis la mise en vigueur de la loi de 1888.

Les palangriers sont au contraire tous maltais; ils sont au nombre de 140 environ, et montent 35 bateaux.

Outre leurs longues lignes, ils portent chacun une vingtaine de casiers, qu'ils amorcent avec du maquereau ou de la sardine, pour la pêche des gros crustacés. Ils envoient à eux tous, chaque semaine, sur le marché de Bône, une moyenne de 50 à 60 langoustes, quelques cigales et de plus rares homards. Les palangres prennent autant et de plus joli poisson que les bœufs.

A côté du lamparo, il n'est pas rare de trouver sur les mêmes chaloupes divers engins de moindre importance, dont nous croyons néanmoins intéressant de donner la désignation sommaire; ce sont : l'essaugue (*ciabica*) et la senne (*ciabichetto*); le trémail, la palamidière, et la thonnaire.

Nous avons dit, précédemment, l'importance dans ce quartier de la pêche aux petits poissons de passage, allaches, sardines, anchois; cette pêche est faite, à l'aide du sardinal ordinaire, par près de 300 hommes, répartis sur une quarantaine de balancelles.

A l'exemple de leurs voisins de Philippeville, les senneurs se plaignent de la trop grande ouverture de la maille réglementaire: ils expriment le vœu qu'elle soit ramenée de 20mm à 15mm.

Cette petite flotte jette chaque année dans la consommation de 12 à 1,500,000 kilogrammes de poisson, se répartissant ainsi :

DÉSIGNATION DES PRODUITS de la pêche.	UNITÉS.	QUANTITÉS pêchées		DIFFÉRENCE entre		TOTAL DE LA VENTE du produit pêché		DIFFÉRENCE entre	
		en 1888.	en 1889.	1888, en plus.	1889, en moins.	en 1888.	en 1889.	1888, en plus.	1889, en moins.
						fr. c.	fr. c.	fr. c.	fr. c.
Maquereaux	Kilogr.	42,500	95,600	53,100	»	21,250 00	47,800 00	26,550 00	»
Sardines	Nombre.	3,845,500	17,373,840	13,528,440	»	99,193 75	216,430 00	117,236 25	»
Anchois	Kilogr.	27,675	126,875	98,400	»	15,262 00	62,015 00	46,753 00	»
Alloches	Nombre.	786,220	5,280,000	4,493,780	»	11,190 15	264,570 00	253,379 85	»
Soles, turbots et autres espèces	Kilogr.	1,053,860	1,017,500	»	36,360	670,716 00	610,620 00	»	60,096 00
Huitres	Nombre.	200,500	197,000	»	3,500	2,506 25	2,462 50	»	43 75
Moules	Hectolit.	»	»	»	»	»	»	»	»
Autres coquillages	Id.	405,50	495	89,50	»	20,275 00	24,750 00	4,475 00	»
Crustacés, langoustes et homards	Nombre.	29,600	32,602	3,002	»	44,625 00	48,903 00	4,278 00	»
Total						885,018 15	1,277,550 50	452,672 10	60,139 75

Dans l'énumération des espèces que nous pourrions donner ici, on retrouverait exactement toutes celles que nous avons déjà désignées; il nous paraît inutile de reproduire cette longue liste. Indiquons, toutefois, comme plus spéciale à ce quartier, une belle, énorme crevette, dont quelques individus dépassent la taille de 0^m,20, et qui est très abondante dans le golfe de Bône : elle est désignée zoologiquement sous le nom de *Penæus caramote*.

Il vient, assez fréquemment aussi, sur ce marché, de grandes tortues de mer, du poids de 25 à 40 kilos; on les trouve, pendant l'été, à 2 milles au large du cap de Garde. Elles se laissent surprendre pendant leur sommeil, flottant, par les temps calmes, au gré du flot. Le pêcheur doit s'en approcher sans bruit, car, à la moindre alerte, elles s'éveillent, plongent brusquement et lui échappent sans retour; penché sur le bordage, il les chavire brusquement d'une main vigoureuse; elles sont alors sans défense et se laissent hisser facilement sur le bateau. Leur chair est peu estimée, leur écaille sans valeur; les parties grasses sont converties en huile, leur sang caillé trouve quelques amateurs; on en débite, presque chaque jour, sur le marché de Bône. Une belle tortue se vend de 5 à 10 francs au plus.

Il y a un banc naturel d'huîtres (*o. edulis*) à l'embouchure de l'oued Mafrag, et quelques gisements d'*o. plicatula*, et d'*o stentina* sur divers points. La moule bleue d'Alger, si bonne et si savoureuse, est commune sur la côte.

Signalons, dans les enrochements voisins du port, d'assez nombreuses dattes de mer, des genres *lithodomus* et *Pholas* (le *lithodomus lithophagus*, particulier au littoral méditerranéen, et le *Pholas dactylus*, que l'on rencontre un peu partout sur nos côtes), curieux coquillages qui, armés des outils les plus rudimentaires, réussissent à percer, pour s'y loger, des roches d'une dureté relative; enfin, plus loin au large, des éponges plates ou cylindriques, grossières, que ramènent par hasard les filets-bœufs.

Cette énorme quantité de poissons que reçoit le marché de Bône est consommée intégralement par la ville elle-même et par les agglomérations voisines, Guelma, Souk-Arrhas..... Il n'en est pas exporté au delà.

A l'embouchure de la Seybouse, à son confluent avec l'oued Bou-Djema, sur une grève plate et sablonneuse, entre des touffes de cactus et de ronces, s'élèvent une douzaine de gourbis, bâtis en

roscaux, que gardent avec vigilance quelques hargneux chiens
maigres, au poil rude, à la mine sauvage. De longues toiles de filets,
tendues sur des pieux, sèchent au soleil; entre les barques halées
sur les berges, dorment, à demi nus, de pauvres pêcheurs, ignorants
de bien des joies, peut-être aussi de quelques peines, dont la seule
ambition est de gagner un peu de pain. Ils prennent dans les oueds
des anguilles et des aloses qui remontent jusqu'au lac Fetzara, des
barbeaux, des soles, des crevettes. Ce poisson est généralement
de médiocre qualité; il est acheté à bas prix par la population israé-
lite de la ville. Les pêcheurs de la Seybouse sont Italiens; ils
habitent leurs cases légères aussi longtemps que la saison le leur
permet.

Gourbis de pêcheurs à l'embouchure de l'oued Seybouse.

Aux termes d'un arrêté municipal, portant la date du 31 août 1884,
il est interdit aux pêcheurs de vendre directement aux consommateurs
le produit de leur pêche; ils sont tenus de le transporter dans l'intérieur de la poissonnerie, où il est mis aux enchères par le ministère
d'un agent de la commune. Cette mesure, qui a pour unique but
d'assurer la perception d'une taxe d'octroi, pèse directement, et d'un
poids très lourd, sur le pêcheur, à qui cependant le législateur, plein
d'une juste sollicitude pour une population éminemment intéressante, avait voulu réserver tous les profits de la mer. Nous avons
déja, à plus d'une reprise, signalé cette fâcheuse coutume qui ne

sauvegarde même pas, comme il pourrait l'être, l'intérêt des munici-palités.

La Calle — Placé comme un poste avancé à l'extrême limite de notre colonie algérienne, sur une plage inhospitalière ouverte aux souffles dangereux du nord ouest, le port de la Calle, à peine tenable par les vents du large, inaccessible aux grands navires, à cause de son peu de profondeur, jouissait naguère, en dépit de cet ensemble de conditions défavorables et de son isolement, d'une certaine prospé-rité qu'il devait exclusivement aux richesses de la mer; son activité était telle que, jusqu'en 1884, il formait à lui seul, ainsi que nous le disions précédemment, un quartier maritime.

Le voisinage immédiat de la frontière tunisienne, et la différence de régime des deux pays, en ce qui touche l'exploitation des eaux, lui ont porté un coup funeste, dont on s'efforce de le relever indirectement au moyen de travaux considérables entrepris pour son amélioration ; avant peu, sa superficie aura été doublée ; une longue jetée, avancée en mer, le défendra de la tempête, et son creusement à 4 ou 5 mètres en permettra l'accès aux bâtiments de plus de 100 tonnes. Mais, il faut bien le dire, tous ces ouvrages seront sté-riles si, d'une part, au moyen d'une police sévère, on ne défend pas ses pêcheurs contre les maraudeurs étrangers qui ravagent les fonds et compromettent gravement l'avenir, et si, d'autre part, en unifor-misant les législations, on ne les relève pas de l'infériorité où ils se trouvent actuellement, en face de ces derniers.

Ces parages sont, en effet, un lieu d'active contrebande. Depuis la promulgation de la loi de 1888, qui a interdit la pêche dans les eaux territoriales de l'Algérie aux étrangers, tous ceux, Italiens Maltais ou Espagnols, qui ont voulu se soustraire à son application, ont aus-sitôt quitté le pays, où ils n'étaient attachés que par l'ancre de leurs chaloupes, pour aller s'établir à quelques milles de là. De Tabarca, où ils ont émigré, ils reviennent impunément par le large jeter leurs filets jusqu'au cap Rosa, et plus loin même, sous les yeux de nos gardes désarmés et impuissants. Ce qui rend cette situation plus lamentable encore, c'est que la pêche en Tunisie est libre, et libre aussi l'entrée ou la sortie des produits italiens. Il s'ensuit pour nos nationaux un double et désastreux dommage.

La population sédentaire de la Calle, celle-là, nous devons le reconnaître, sincèrement attachée à sa patrie d'adoption, est encore de 515 marins, s'adonnant régulièrement à la pêche; sur ce nombre on compte 310 naturalisés français, et 250 étrangers napolitains en instance de naturalisation, ou n'ayant pas encore l'âge pour l'obtenir.

Ils sont mal armés pour bien tenir la mer; nos vieux matelots de l'Océan, mieux outillés, et peu habitués à compter sur les faciles captures, en tireraient assurément de bien autres profits. Ils font principalement quatre genres de pêche : la pêche des poissons de passage, la pêche au bœuf et aux palangres, et la pêche du corail, de beaucoup la plus intéressante.

La première est pratiquée par 18 bateaux, et occupe 140 hommes et 70 femmes, pendant six ou sept mois de l'année. D'après un calcul fait sur les trois années qui précèdent celle-ci, elle donne un produit moyen annuel de 91,500 francs, prix d'achat des saleurs.

Nos nationaux ont à subir les incursions incessantes de 150 à 200 barques italiennes, qui vont faire leurs conserves sur le territoire voisin, et les exportent en franchise en Italie, où, seules, les nôtres sont assujetties à un droit de douane de 6 francs les 100 kilogr. Sans doute, ils pourraient s'y soustraire, en émigrant eux aussi, mais ce serait la ruine consommée pour la Calle; et puis, transporte-t-on sans douleur ses dieux lares sur un sol étranger? Tout autre serait leur situation avec des règlements établissant l'égalité de droits entre deux pays, aujourd'hui indissolublement unis sous notre drapeau.

Huit balancelles, avec une trentaine d'hommes d'équipage, font la pêche au bœuf, trois portent des palangres.

Les bœufs capturent environ 40,000 kilogrammes de poisson. Leur cale moyenne est de 200 à 300 kilogr.; les palangriers en prennent moitié moins. Ce poisson est consommé sur place, ou dans les douars voisins; on en exporte une certaine quantité à Bône, mais en saison fraîche seulement, car les voitures qui font le service entre les deux points ne mettent guère moins de 11 heures à parcourir les 86 kilomètres qui les séparent. Le prix moyen de vente est de 60 centimes.

Ici, du moins, la pêche est libre, sans redevance, sauf les droits de douane pour passer la frontière.

Bien autrement importante, malgré la défaveur momentanée qui l'a atteinte, est la pêche du corail. Vingt et un bateaux, montés par 137 hommes, s'y livrent constamment, quand l'état de la mer le permet. Les bancs se trouvent par des fonds de 15 à 40 mètres, à deux, trois, et jusqu'à sept milles de la côte, principalement dans la zone comprise entre le cap Rose et le cap Roux.

D'après le décret du 22 novembre 1883, qui l'a réglementée, cette pêche doit se faire à l'aide d'un engin, connu sous le nom de « croix-de-Saint-André », et formé de deux fortes pièces de bois, assemblées en croix, aux bras desquelles sont attachés des paquets ou des tresses de chanvre appelés fauberts. Un poids très lourd est fixé au centre et assure l'immersion. La manœuvre en est difficile et pénible ; elle exige, avec la parfaite connaissance des fonds, une grande dépense de force et d'adresse. Cette pesante machine, reliée à un cabestan placé sur le bateau, au moyen d'un long câble, est descendue à des profondeurs de 25 à 30 mètres ; on lui imprime alors une série de mouvements de bas en haut, qui ont pour effet de produire un frottement du bois contre les roches madréporiques ; les filets accrochent les branches de coraux qu'ils rencontrent, les brisent et les retiennent dans leur enchevêtrement. Une grande délicatesse de toucher est nécessaire pour cette opération ; le corail se trouve dans les anfractuosités des rochers, il faut donc diriger sans le voir l'engin immergé. Penché à l'avant de la barque, le patron sent au doigt les mouvements de la croix transmis par le câble ; il devine, à la résistance qu'il rencontre, en la traînant, si c'est une saillie rocheuse ou un bouquet de corail qui arrête les fauberts. Quand il croit la récolte suffisante il commande à ses hommes de haler ; ceux-ci, sur une vive allure, sautant de banc en banc en s'excitant les uns les autres, ramènent le lourd engin à l'aide du cabestan installé à l'arrière.

Ainsi faut-il travailler bien des heures, s'épuiser en efforts souvent stériles, sur une mer toujours très dure, exposé, pour un seul faux mouvement, à chavirer, ou à être enlevé par une lame, et rentrer quelquefois les mains vides. Dans les bons jours, mais ils sont rares, un équipage de sept hommes vaillants et aguerris peut arriver à rapporter deux kilogrammes de corail, dont la valeur, à tout prendre, est de cinquante francs le kilogramme. On revient alors au mouillage, le cœur joyeux, l'esprit tranquille sur le lendemain.

Tel quel, cet engin ne ruinait pas trop les bancs; mais on s'est ingénié à le rendre plus malfaisant, en armant la croix réglementaire, à chacune de ses extrémités, de puissants cerceaux de fer aux arêtes tranchantes, auxquels sont suspendus des sacs en filet à grosses trames. La manœuvre est la même, avec de bien autres résultats; les bras s'engagent entre les aspérités rocheuses où pousse le corail, et, si leurs fers le rencontrent, il est détaché avec une telle force que la pierre elle-même est le plus souvent brisée; les éclats tombent dans les filets, où ils s'entassent bientôt.

La pêche du corail dans les eaux de la Calle.

Il est aisé de comprendre les dégâts que commet la « gratte en fer », c'est le nom qu'on lui donne; elle ne brise pas simplement les branches du corail, elle le déracine cruellement, et, en arrachant la souche sur laquelle se greffent les rameaux, arrête toute formation nouvelle. C'est la destruction irrémédiable, infaillible et prochaine.

Aussi bien, ce funeste engin est-il sévèrement prohibé, et les pêcheurs se gardent-ils de le ramener au port. Leur pêche finie, ils le coulent à des places connues d'eux seuls, après y avoir attaché une bouée qui flotte entre deux eaux, de manière à ne pouvoir être aisément découverte.

Ce seul travail, à la fin de chaque journée, ne leur demande pas moins de trois ou quatre heures ; le lendemain, ils devront tirer encore de longues bordées, et se soumettre à de grandes fatigues pour le relever, le remonter à bord, et gagner les lieux de pêche. Néanmoins, ils en obtiennent de tels profits, qu'ils n'hésitent pas à se condamner à cette pénible manœuvre, en dehors de celles nécessitées par la pêche elle-même.

Combien ne faut-il pas déplorer que nos gardes maritimes, si vigilants et si braves, ne soient pas armés pour réprimer ces abus, qui menacent de tarir dans sa source une des richesses les plus précieuses de ces eaux !

Les chômages sont fréquents, dans le métier des corailleurs de la Calle, par suite du mauvais état de la mer, et de la difficulté de franchir la passe. Ainsi, en mars dernier, n'ont-ils pas pu sortir plus de quatre ou cinq jours. Malgré tout, les produits de cette pêche conservent une importance assez sérieuse pour qu'il faille veiller à l'avenir. Ils se sont élevés, pendant les années 1887 à 1889, à une moyenne de 5,400 kilogr., représentant une valeur de 270,000 francs par an. La pêche de 1885 avait donné 11,386 kilogr.

Tout ce corail va en Italie. Les plus belles branches y trouvent encore un facile placement; les autres sont exportées au Cap, et achetées par les naturels, qui les recherchent pour la confection des colliers et autres ornements dont ils aiment à se parer.

DEUXIÈME PARTIE.

TUNISIE.

La Tunisie et l'Algérie sont trop étroitement liées, elles présentent, à leur point de contact, de trop grandes similitudes de constitution orographique et de climat, les frontières aquatiques sont d'une nature trop fictive, pour que nous ne trouvions pas aussi entre elles de frappantes analogies au point de vue qui nous occupe.

Les montagnes de la Kroumirie s'épanouissent largement dans toutes les directions, projetant leurs longues ramifications au loin dans les deux pays; elles s'infléchissent vers Bône, pour se relever aussitôt en un massif non moins considérable. Les côtes maritimes présentent les mêmes escarpements et les mêmes fonds, leurs eaux se mêlent intimement, elles sont peuplées des mêmes espèces.

Dans cette zone commune vit l'indigène pasteur. Kabyles et Kroumirs sont attachés à leurs vertes montagnes et à leurs pauvres gourbis. Ils ne franchissent pas volontiers l'épaisse ceinture des sombres forêts qui les entourent, pour se transformer en hommes de mer. Ici ou là, on les voit donc rarement disputer le domaine des eaux aux étrangers qui, la frontière franchie, l'exploitent sans entraves à leur profit exclusif; ceux ci ne s'en contentent même pas, quelle que soit son étendue, et, de Tabarca qu'ils traitent en pays conquis, ils font d'incessantes incursions dans les eaux algériennes, d'où la loi de 1888 les a formellement exclus.

Cependant, la situation change au delà du golfe de Tunis, de l'autre côté du cap Bon, et d'une manière frappante, à mesure qu'on descend vers le sud. Le relief des côtes s'efface, les plages s'abaissent, les bas-fonds s'étendent de plus en plus. Seuls, les Arabes restent les mêmes, apathiques, insouciants, ancrés au rivage; si on en voit un plus grand nombre s'enrôler comme pêcheurs, ce n'est pas qu'ils aient du sang de marin, « le cœur entouré d'eau de mer », comme disent les vieux loups bretons, cela tient aux conditions tout autres dans lesquelles peut se faire le métier. Les pêcheurs ne naviguent pas sur ces côtes basses, à vrai dire, ils perdent à peine pied. Au lieu de lamparos, ou de bœufs aux longs bras, qu'il faut promener bien loin au large, au prix de quelques risques et de quelques fatigues, nous les verrons se servir de grossiers clayonnages en branches de palmiers, établis en lignes sur les bas-fonds ; tout le travail s'y réduit à une visite à marée basse ; on relève les nasses placées aux angles, on transporte le poisson au marché le plus voisin, et puis c'est tout.

D'autres fois, même, sans prendre la peine de remuer des nasses, ils piqueront simplement le poisson à la foëne, et telle est la richesse des eaux, qu'ils arriveront, en fin de compte, au bout de la campagne, avec des résultats très satisfaisants.

A côté de la pêche au poisson, qui nous fera retrouver la faune algérienne dans toute son exubérance, nous en observerons deux autres qui impriment un caractère spécial aux eaux tunisiennes : la pêche des poulpes, et la pêche des éponges. La première donne un produit qui, pour l'ensemble du pays, dépasserait de beaucoup 300 tonnes, puisque, dans un seul port, où se centralise, il est vrai, le commerce d'exportation du sud, on atteint facilement 240 tonnes ; poids énorme, si l'on considère qu'il s'applique à un produit sec, qui, par conséquent, représente à peine, en cet état, le tiers effectif de la pêche. La seconde est plus importante encore, à raison de la plus grande valeur marchande de ses produits ; elle donne lieu à un mouvement d'affaires qui se chiffre par plusieurs millions.

La pêche est libre en Tunisie, ou du moins, au moment du voyage que nous avons fait sur la côte, au cours du printemps, aucuns règlements administratifs n'étaient encore venus l'entraver ; mais la législation comportait, au profit de certains nationaux étrangers, des faveurs qui n'étaient pas sans de graves inconvénients dont le contre-coup s'est fait vivement sentir en Algérie. Les abus, qui en sont le résultat forcé, demanderaient une sérieuse répression ; il importerait souverainement à l'avenir de la colonisation, à la bonne harmonie des deux pays voisins, et à la conservation même de leurs richesses ichtyologiques communes, de les réprimer sévèrement au moyen d'une réglementation soigneusement étudiée.

L'étude de la pêche en Tunisie, à la suite de celle des pêcheries algériennes, ne sera donc pas sans offrir quelque intérêt.

Tabarca. — Au delà de la Calle, que nous venons de quitter, le cap à l'est, le massif de la Kroumirie projette un de ses plus puissants rayons droit vers la mer, et forme, à ce point, une haute barrière difficilement franchissable. Cette arête s'infléchit tout à coup, plonge brusquement dans l'humide gouffre, pour se relever bientôt, donnant naissance, au large, à un ilot escarpé, du sommet duquel on commande la passe : c'est la porte de la Tunisie.

L'îlot, ou plutôt le récif, est couronné par un vieux bastion maure, où s'enfermèrent, lors de l'occupation, une poignée de soldats indigènes, qui y firent bonne contenance au passage de notre flotte. Il est séparé de terre par une anse creuse, véritable port naturel. La plage présente, pendant quelques mois de l'année, une animation insolite, envahie par une flottille nombreuse ; quant au vrai maître du sol, il est relégué dans de pauvres gourbis accrochés aux flancs de la montagne et il dédaigne d'en descendre.

L'essor qu'a pris Tabarca date seulement de 1888. La rupture des traités de commerce, et plus encore le décret sur la pêche en Algérie, y ont attiré tous ceux des pêcheurs étrangers, de la région de Bône et de Philippeville, qui voulaient se soustraire à l'application des nouvelles dispositions légales. Ce poste a grandi, en peu de mois, aux dépens de ses voisins, jusque-là plus fréquentés, qui ont été en partie abandonnés. La Calle a particulièrement souffert de ce mouvement d'émigration, et n'a conservé, en dehors des nationaux, que ceux de ses marins étrangers qui lui étaient le plus fortement attachés par le temps, et qui n'ont pas eu le courage de sacrifier leurs affections à leurs intérêts. D'ailleurs, ces émigrants connaissaient trop les ressources du quartier de Bône pour renoncer à elles d'une manière absolue ; ils n'hésitent guère, aujourd'hui, à repasser clandestinement la frontière, et à venir tendre leurs filets dans des eaux qu'ils exploitaient naguère, et que, malgré tout leur zèle, nos agents préposés à la surveillance sont impuissants à défendre.

Tabarca gagne donc doublement, puisque ses fonds sont plus activement exploités, et que, à leurs produits, viennent s'ajouter ceux prélevés en fraude sur l'Algérie. Aussi bien, est-elle devenue aujourd'hui le Douarnenez ou le Concarneau de la Méditerranée[1]. Fréquentée jusque-là par une cinquantaine de tartanes seulement, avec

---

[1] Douarnenez et Concarneau sont, sur nos côtes de l'Océan, les deux principales stations pour la pêche et la préparation de la sardine.

moins de 400 hommes d'équipage, elle en recevait 184 en 1888, 232 en 1889 ; cette année, il a dû en arriver plus de 300.

Hors la saison d'immigration, qui dure environ six mois, de mars à août, il ne reste à Tabarca que 250 habitants. La pêche y est alors complètement nulle.

Le premier soleil du printemps fait renaître le mouvement et la vie sur ses plages silencieuses et désertes ; les barques aux voiles blanches et aux flancs peints de couleurs variées paraissent à l'horizon, comme de joyeux vols de mouettes, et s'en viennent mouiller dans la crique. Les feux s'allument, les chants résonnent, les filets s'allongent mollement sur le sable, les baraquements se peuplent. Le village d'hier s'est transformé rapidement en une véritable petite ville de 4,000 habitants, avec ses industries, tous ses corps de métiers, et le cortège obligé des mercantis et des parasites de toute espèce. La métamorphose est aussi subite que complète.

Toute cette population nomade est italienne ; elle vient en majeure partie de Sciacha, de Castellamare, et de Gênes.

Jusqu'à cette récente transformation, Tabarca comptait assez peu comme centre de pêche pour que le bey l'eût exonérée de toute redevance de ce chef. L'exercice de cette industrie y est encore parfaitement libre, et exempt des droits de la *massoulah* ; seul, le poisson vendu à terre pour la consommation à l'état frais est soumis à la taxe. Une décision judiciaire, rendue sur les poursuites du fermier général de la pêche dans la Régence, a confirmé ce privilège.

Cependant, les nouveaux venus vont prendre dans le pays plus qu'ils ne lui donneront ; ils arrivent, en effet, chargés de tous les objets nécessaires à leur existence et à l'exercice de leur métier ; ils apportent leur riz, leurs pâtes, leur biscuit et leur sel, leurs barils vides ; la mer leur fournira le poisson frais.

Au cours de la saison, de grosses embarcations retourneront en Italie, une, deux, trois fois, suivant la fortune de la campagne, avec leur chargement de poisson salé ; elles en reviendront incontinent avec des approvisionnements nouveaux.

Néanmoins, malgré leurs habitudes de grande parcimonie, la dépense de séjour de ces pêcheurs n'est pas inférieure à 15 francs par homme et par mois. Au départ, si la campagne a été heureuse, on se met plus en frais encore. C'est, somme toute, un mouvement d'affaires d'un demi-million de francs par an.

Les abords de l'ilot sont amplement peuplés de gros et excellents poissons de roches; les langoustes et les homards y vivent en grand nombre, et peuvent y atteindre le poids énorme de 8 kilogs; mais ils sont à peine explorés par quelques maltais. L'objectif principal des Italiens est la pêche des sardines et des anchois, qui fréquentent ces parages par bancs innombrables.

En 1888, cette dernière pêche a été pratiquée par 184 barques, montées chacune par 8 hommes. Sur ce nombre, 160 étaient venues de Sicile, les autres de Gênes. Elles jaugeaient, les premières 240 tonneaux, celles-ci 60. Le produit de la campagne fut de 900 tonnes de sardines, et de 320 tonnes d'anchois.

En 1889, sur 232 barques arrivées, 190 ont fait exclusivement cette même pêche, et capturé 1100 tonnes de sardines, et 900 tonnes d'anchois. Il n'en avait été pris que 20,000 kilogr. en 1885, et 37,200 en 1886.

Il est à croire que, pendant la campagne de cette année, dont nous n'avons pas encore les tables statistiques, ces chiffres auront augmenté beaucoup encore.

La plupart des pêcheurs travaillent pour le compte d'armateurs, qui leur font des avances d'argent, et leur payent le poisson 18 francs le quintal métrique pour la sardine, et 45 francs pour l'anchois. Quelques-uns, c'est le très petit nombre, opèrent pour leur propre compte, et font eux-mêmes leurs salaisons, dans des baraquements qu'ils louent sur la grève.

La sardine de Tabarca est d'excellente qualité, mais l'anchois lui est bien supérieur. La taille de celui-ci varie de 0^m,12 à 0^m,20. Les grands sont préférés pour la salaison. Ils sont, du reste, les plus nombreux.

Comme engins, les bateaux emploient des tramails et des filets flottants qui mesurent 150 mètres de longueur, sur 17 à 19 de hauteur, avec des mailles de 15^{mm} pour les anchois, et de 18^{mm} pour les sardines.

Tout le poisson apporté à Tabarca est aussitôt préparé suivant les procédés ordinaires. On le dispose dans les barils par couches serrées, alternant avec des lits de sel, et on le soumet à une forte pression pour en extraire l'huile et faire pénétrer le sel. On charge les barils avec de grosses pierres, que les embarcations ont reçues dans leur cale en guise de lest. A trois reprises, et à intervalles de deux jours, on doit ajouter dans les barils du poisson frais et du sel pour remplir le vide que produit le tassement. L'anchois, peu huileux, ne produit qu'une faible exsudation; mais la sardine en dégage à tel point qu'on n'en tire pas moins de 80 à 100 tonnes d'huile par saison; cette huile est vendue en Italie 30 francs les 100 kilogr. Enfin, on arrose les barils avec de la saumure, et l'opération est achevée.

Le sel employé vient de Trapani; il paye un droit d'entrée de 20 francs la tonne; les barils vides sont taxés à 8 0/0; une fois pleins ils pèsent 50 kilogr. et supportent un droit d'exportation de 0 fr. 91 les 100 kilogr., soit, 0 fr. 45 par baril.

Chaque année, une soixantaine de barques se détachent de Tabarca pour aller pêcher au cap Negro et au cap Rousse; une vingtaine poussent jusqu'à l'île de Zimbre; mais celles-ci ne prennent que l'anchois et rejettent la sardine.

———

Nulle part ailleurs, en Tunisie, cette industrie des salaisons n'est arrivée au degré d'activité et de prospérité qu'elle atteint actuellement à Tabarca, car elle ne saurait trouver sur aucun autre point un ensemble de conditions aussi propres à son développement. Cependant, grâce à des demandes soutenues, et à l'affranchissement des droits d'importation en Italie, elle prend pied partout où, sur ces côtes, se montrent les espèces qui peuvent l'alimenter.

C'est ainsi qu'à Sousse, dix maisons italiennes se sont récemment fondées; elles payent le poisson 18 francs les 100 kilos.

A Monastir, d'assez nombreuses tartanes arrivent dans la saison, apportant, comme celles de Tabarca, leurs vivres et leur sel; elles salent à bord, gagnent l'Italie, dès qu'elles ont leur charge, et reviennent si le temps le leur permet.

Sur ces deux points, on ne rencontre guère que l'allache. Auparavant, ce poisson n'était pas pêché, ou du moins on ne prenait que ce qui était nécessaire à la consommation locale à l'état frais.

Nous trouverons encore des Siciliens à Mahedia. Ils y arrivent fin avril, ou au commencement de mai, avec de longs filets de 300 mètres, et pêchent là avec ardeur, pendant deux grands mois. A cette époque, les allaches sont grasses, chargées d'œufs, en excellente forme pour la préparation en conserves, et, par conséquent très recherchées. Plus tard, elles perdent une partie de leurs qualités alimentaires.

Passé le mois de juin, le poisson est encore abondant, mais il faut cesser la pêche, car alors les eaux sont envahies par des bandes de chiens de mer de forte taille, qui détruiraient infailliblement les filets.

Le prix normal des allaches est de 150 francs, celui des sardines de 200 francs la tonne.

On calcule que la pêche d'une barque, pendant une saison, est d'environ 10.000 kilogrammes; il n'est pas rare que celle d'une seule nuit s'élève à 1000 kilogr., parfois même au-dessus; nous en avons vu rentrer, chargées à couler, portant près de quatre tonnes de poisson.

Barque de pêcheurs d'allaches à Mahédio.

Huit usiniers, tous Autrichiens, font la salaison. Ils mettent le poisson en barils de 50 kilos, dont la valeur est de 20 francs; leurs expéditions sont dirigées sur Venise, Ancône, et Bari, sur Trieste, la Grèce, et les provinces du Danube.

Aucun industriel français n'a voulu, jusqu'à présent, tenter la friturerie à Mahedia, bien que la pêche soit toujours abondante, que l'huile se trouve sur place et de bonne qualité, et qu'on puisse avoir la main-d'œuvre à bas prix. L'huile la meilleure ne vaut pas plus de 50 francs le quintal; une journée d'homme se paye seulement 2 piastres (1 fr. 20).

Mahedia est à peu près le point extrême où se pratique la pêche de la sardine, de l'allache, et de l'anchois. Ces espèces se rencontrent bien plus au sud encore, et par masses serrées; mais à Sfax, par exemple, et aux îles Kerkennah, l'usage des filets est interdit, et à Gabès, les pêcheurs ne sont pas outillés pour leur capture.

Quoi qu'il en soit, les indications qui précèdent, montrent pour quel chiffre considérable comptent ces poissons au nombre des ressources économiques du pays. L'extension subite qu'a prise l'industrie qui s'y rattache, tandis qu'en même temps elle déclinait sur certains points en Algérie, décèle surabondamment les vices de la législation actuelle, ou, pour parler plus juste, les graves inconvénients de l'absence de toute législation, et l'urgence qu'il y aurait à porter remède à une telle situation, à tous égards si digne d'intérêt.

Pénétré de ce sentiment et de ces nécessités, notre éminent Résident général à Tunis, M. Massicault, a fait élaborer par la direction générale des travaux publics de la Régence un projet de décret dont les dispositions, une fois en vigueur, combleront, provisoirement du moins, c'est-à-dire jusqu'au jour où la Tunisie et l'Algérie auront adopté une réglementation uniforme, les regrettables lacunes que nous venons de signaler.

————

L'îlot de la Galite, qui émerge triste, isolé, des grands fonds de mer, au milieu d'affleurements de roches et de brisants, est habité à demeure par quelques pauvres familles de pêcheurs, Algériens de naissance, qui vivent là des produits que les eaux leur donnent à profusion pour leurs besoins. Ils tirent, en outre, des profits d'une certaine importance de leurs exportations de crustacés sur Bône. L'abondance de ces animaux attire, chaque été, de l'île de Ponza, près Gaëte, un certain nombre de matelots, qui viennent jeter l'ancre sur ce rocher perdu, et y séjournent jusque vers le milieu de l'hiver pour se livrer avec ardeur à leur pêche.

On prend, bon an mal an, autour de la Galite, 30 à 40,000 kilogrammes de langoustes. Dans ce chiffre, les habitants de l'île comptent pour un tiers environ, soit pour pour une dizaine de mille kilos, qu'ils expédient à Bône, ou d'autres fois à la Goulette, quand les vents se tiennent à l'ouest. On les leur paye 1 fr. 50 le kilo.

Les Italiens, eux, conservent les crustacés vivants, dans de grandes nasses, qu'ils coulent à fond, autant que possible jusque vers les approches des fêtes de Noël. Des barques, spécialement affrétées pour cela, viennent alors les prendre, et les transportent emballés dans des paniers couverts de feuilles de myrthe, sur le marché de Naples, où ils se vendent à un prix plus que double des prix ordinaires.

La Galite est également visitée par des Siciliens, qui y pêchent au printemps les *zarros*, et en juillet-août la *menora*. Ils prennent environ 200 quintaux métriques de chaque espèce, salent sur place, et exportent dans leur pays, où ces poissons se vendent 50 francs les 100 kilos.

En dehors de ces pêches spéciales, la grande pêche aux filets est peu en honneur en Tunisie. Ce n'est certes pas que les eaux soient pauvres, ou que la vente des produits soit difficile, tant s'en faut. Il

La Goulette.

en faut plutôt voir la vraie cause, au contraire, dans l'extrême fécondité de ces côtes ; ainsi, sur une partie de leur longueur, telle est leur richesse qu'il suffit de pièges grossiers, ou d'un simple trident, pour approvisionner amplement les marchés, et faire face à tous leurs besoins.

A la Goulette, cependant, sept paires de bœufs exploitent le golfe.

Ce sont les seuls qu'il y ait dans la régence, à part deux couples,
qui apparaissent à Sousse, à de rares intervalles.

Les équipages sont italiens; ils sont payés par l'armateur, à
l'année, à raison de quinze napoléons par homme. Leur pêche totale
est de 250 tonnes; avec des marins bretons, elle produirait facilement le double. Mais, sous ce ciel fortuné, il est de règle d'éviter
les moindres mauvais temps, et de se soustraire aux inconvénients
du soleil. Aussi, nous souvient-il de n'avoir pu démarrer un seul
canot, même avec le secours d'excellentes piastres, par un jour de
demi-siroco, pour aller à quelques encâblures seulement faire
une heure de dragages.

· A cette quantité de 250 tonnes, rapportée par les bœufs, qui
serait assurément bien insuffisante pour l'alimentation d'une grande
ville comme Tunis, viennent s'ajouter, d'une part, les produits tirés
du lac El Bahira par une dizaine de petites barques armées du tar-
tarone; d'autre part, ceux de Bizerte, dont l'importance est considérable. Le poisson du lac de Tunis, dont les eaux sont chaudes,
peu profondes, et fangeuses, est de très médiocre valeur; il est
acheté à bas prix par la classe pauvre de la population. Celui de
Bizerte, au contraire, est toujours très avidement recherché.

Le prix moyen payé aux pêcheurs est de une piastre (0 fr. 60) le
kilogramme; mais il va de soi qu'il subit une forte majoration en
passant par la main des intermédiaires.

Bizerte. — A la pointe la plus septentrionale du territoire tunisien, la mer, faisant brèche dans les terres, s'y ouvre un long chemin, et s'étale de nouveau, à une lieue et demie du rivage, en une
vaste et profonde nappe de 18 kilomètres de longueur sur presque
autant de large. Cet immense lac communique lui-même, plus
avant encore dans l'intérieur, avec un deuxième réservoir, d'une
étendue à peu près égale, mais dont les eaux sont douces; celui-ci
se déverse dans le lac salé, par un canal naturel, qui porte le nom
d'oued Tindja. Une île, peuplée de bœufs sauvages, élève ses sommets à plus de 500 mètres au-dessus du niveau des eaux.

A la bouche du premier chenal, de chaque côté de ses deux bras,
se pressent les unes sur les autres, baignant dans l'eau, les maisons
blanches d'une vieille ville arabe, que dominent les lourds minarets

du haut desquels le muedzin appelle les fidèles à la prière. C'est
l'entrée de l'Orient.

Bizerte est une ville fermée, emprisonnée de toutes parts dans de
longues murailles aux larges créneaux, gardée sur la mer par deux
lourds bastions. Port puissant et célèbre, au temps jadis, elle est
aujourd'hui inabordable, même pour les bateaux marchands, qui
doivent mouiller au large, dans une rade difficilement tenable par
les grands vents ; mais, si les quelques coups de drague nécessaires
pour leur donner l'accès de son immense lac, n'ont pas déjà fait de
celui-ci le plus magnifique port du monde, on peut, du moins, le
tenir pour le plus riche vivier qui se puisse concevoir.

Le lac lui-même n'est en aucune façon exploité ; le poisson y vit
une douce et tranquille existence, que jamais ne trouble le chalut
meurtrier. Aussi bien peut-il y pulluler avec toute l'énergie que ce
milieu comporte, et acquérir une taille et des qualités de chair peu
communes. C'est pour lui un Éden, où sa vie serait longue et heureuse, s'il savait, comme le sage, se contenter de son sort, et
n'avait jamais la fâcheuse tentation d'aller courir le monde. C'est là,
nous le verrons, ce qui cause sa perte.

Les principaux hôtes du lac sont : la daurade et le mulet ; viennent ensuite : le sar, la dorée ou poisson de Saint-Pierre, la bogue,
l'anguille, la sole et d'autres espèces sans importance.

Ces poissons vivent par familles, restent généralement divisés, et
c'est toujours séparément, et à des époques différentes, que chaque
espèce s'engage dans le canal de sortie, lorsque, poussée par son
irrésistible instinct, obéissant à des lois physiologiques, elle aban-
donne ses paisibles retraites et cherche à gagner la mer.

La connaissance de certaines de ces habitudes a déterminé l'adoption d'un mode de pêche tout à fait spécial, pratiqué depuis les
temps les plus reculés, et encore en usage dans le nôtre.

Le canal du lac de Bizerte, assez étroit dans sa traversée de la
ville, s'élargit ensuite, mais sans avoir une grande profondeur. La
nappe d'eau qui se développe, aussitôt après ce premier goulet, est
enfermée dans des bordigues, grossiers clayonnages en branches de
palmiers ou en roseaux, formant une succession de chambres, qui
communiquent entre elles, et dont la première est ouverte sur une
partie laissée libre du chenal.

A un poste choisi, d'où la vue s'étend au loin sur le lac, se tient

en permanence un guetteur arabe, qui a rang de *Reïs* (capitaine), et
dont la seule fonction et l'unique souci sont de surveiller les eaux,
et de faire, en temps voulu, l'appel aux pêcheurs qui habitent la
ville, lorsque l'heure du travail a sonné. Il lui faut une grande expérience des mœurs du poisson, et une vue étonnamment perçante,
pour remplir utilement son rôle; c'est là ce qui explique le rang et
l'autorité dont il jouit, et les avantages qu'on lui fait.

A un remous de la surface des eaux, et souvent à une distance
invraisemblable de deux milles, il devine la présence d'un banc de
poissons réunis pour leur migration, et en marche vers la sortie. Il
fait alors le signal convenu, qui est aussitôt aperçu de la ville par

Poste du reïs à Bizerte.

des veilleurs chargés de le transmettre. En quelques minutes, le
branle-bas est donné, les hommes au repos s'éveillent, vivement on
court aux embarcations ; ceux-ci apportent les lourds filets, ceux-là
les gréements et les paniers. On crie, on se presse, on se heurte dans
un apparent désordre; mais bientôt le calme est rétabli, le silence
se fait, et, chacun penché sur les longues rames, le pilote à la barre,
les barques défilent, et rapidement vont se déployer en ordre de
bataille, en amont des bordigues. Les filets sont mis à l'eau, étendus
en une interminable nappe, reliés les uns aux autres, et formés en
une muraille sans issue d'un bord à l'autre, du fond à la surface.

Si le reïs a fait son premier appel à temps, et il n'est jamais en défaut, paraît-il, toute cette manœuvre est terminée au moment voulu, chacun est à son poste, la ligne de combat s'allonge sans solution, lorsque les éclaireurs du bataillon des émigrants arrivent à portée. Ils sont suivis de près par le gros de la troupe, qui vient en rangs pressés, en une masse confuse, donner étourdiment sur le funeste obstacle. Les premiers arrivés suivent les parois du flexible rempart qui les arrête, dans l'espoir de trouver une issue; ils cherchent à se retourner et à revenir sur leurs pas; vains efforts; la tête de ligne les a suivis de trop près, poussée vivement par le centre. Toute retraite est coupée, quand l'arrière-garde elle-même, entraînée par son élan, se précipite à son tour, et, par son choc irréfléchi, complète le désordre. C'est, pendant quelques instants, un tourbillonnement, une agitation fiévreuse, un fol étouffement, l'image de la cohue d'une foule effarée qui ne sait pas, ou qui ne peut plus revenir en arrière, au moment d'un sinistre, et dans laquelle on s'étouffe effroyablement, sans qu'aucun sauvetage reste possible.

Dans ce même moment, l'une des ailes de la ligne des bateliers, heureux témoins de cette scène de panique, d'affolement et de désespoir, a décrit vigoureusement un arc, tirant à sa suite l'extrémité des filets; lorsque, dans ce mouvement rapide, elle a gagné la rive opposée, l'enceinte est formée, et dans ce cercle fatal la mort va s'abattre sans pitié, sans merci, fauchant d'un seul coup des milliers de victimes.

Il n'y a plus, dès lors, qu'à haler à terre cette masse grouillante, et à partager le butin.

Si, sur quelque point, le poids énorme des prisonniers a fait éclater la longue muraille qui les enserre dans sa trame légère, ceux d'entre eux qui viendraient à s'échapper par cette brèche ne seraient pas pour cela assurés du salut; car, reprenant, joyeux et sans plus de défiance, leur marche en avant, ils s'en iraient donner sur les clayonnages, dont nous venons de parler, pénétreraient, par la seule ouverture restée libre pendant l'action, dans leur vaste labyrinthe, duquel toute nouvelle évasion est désormais impossible. Ils erreront pendant quelques jours de chambre en chambre, d'abord tranquilles, bientôt inquiets, mais toujours inhabiles à retrouver leur chemin, jusqu'à l'enceinte centrale, où ils périront avant peu sous le harpon impitoyable et cruel.

Mais là bas, sur la rive, les cris et les chants de victoire ont suc-

cédé au silence. On compte les morts, on fait les lots, et, en moins
d'une heure, tout rentre dans le calme. Sur le sol quelques taches
de sang, au milieu du scintillement des écailles arrachées, marquent
seules la place du champ de bataille abandonné par le vainqueur.
Le canal est rouvert aux colonies d'immigrants de la mer vers le
lac; le reïs a tranquillement repris sa faction, et les pêcheurs
regagnent le mouillage, chargés de dépouilles opimes.

On fait parfois, à Bizerte, des pêches dont les chiffres sont prodi-
gieux, et presque incroyables, bien que toujours rigoureusement
exacts, le mode adopté pour le partage en formant le contrôle le
plus sûr : le reïs, en effet, prélève d'abord une part en nature, et a

Pêche à l'épervier sur le vieux canal de Bizerte.

le droit de choisir un tant pour cent de poissons; chaque barque
prend également sa part dans les mêmes conditions, soit un dixième
ou un quart au plus, selon les cas. Chacun est donc stimulé à
compter avec une grande précision le nombre des morts. Un
témoin oculaire, le commandant de l'un des paquebots sur lesquels
nous avons pris passage, nous disait avoir assisté, cet hiver même,
à une capture de 14,000 daurades, dont les plus petites pesaient
1 kilo. Un autre jour, on en prit d'un seul coup 22,000, du poids de
2 à 5 kilos. Nous avons inscrit ces chiffres sur place, séance tenante,
de peur de les mettre plus tard au compte de l'imagination. Ils

expliquent le prix élevé qu'a atteint le fermage du lac dans certaines années.

Les meilleures daurades se montrent en hiver, des premiers jours d'octobre à la fin de décembre. Les plus fortes arriveraient jusqu'à un mètre de longueur. Leur chair est d'une finesse et d'une saveur exquises.

Les mulets se laissent prendre moins facilement au filet; dès qu'ils se sentent enveloppés, ils s'échappent, en bondissant par-dessus les lignes de la ralingue supérieure; mais, outre que tous ne se dégagent pas avec la même agilité et le même bonheur, la plupart de ceux qui ont fui ce premier danger, vont étourdiment donner dans un autre, en s'enfermant dans les chambres de la bordigue, où il leur faudra bientôt périr sous la douloureuse atteinte du trident.

On pêche encore ce poisson par un procédé assez original, dans l'intérieur même de la ville. On attache par les ouïes une femelle de mulet parvenue à maturité sexuelle, au moyen d'une corde mince, dont un enfant tient le bout, celui-ci placé sur le vieux pont, un autre Rialto, ou sur la passerelle, tire doucement la captive d'un bord à l'autre du canal, pendant qu'auprès de lui un homme aux aguets, l'épervier chargé sur l'épaule, reste prêt à couvrir les imprudents qui se laissent attirer par ce piège grossier. On en prend ainsi, mais seulement à l'époque du frai, un nombre assez notable.

Il y aurait, nous a-t-on dit, quatre variétés bien distinctes de cette espèce, dans le lac de Bizerte, qui se présenteraient à des époques parfaitement distinctes. L'une d'elles, appelée *bitoum* par les indigènes, et une autre dite *la spine*, le loup probablement, se montrent du 21 décembre au 21 février. Le mulet *kmiri* paraîtrait avec le *sarago* dès les premiers jours du printemps. A l'époque où nous avons visité Bizerte (fin mai), et dans le temps trop court que nous y avons passé, il nous a été impossible de nous procurer aucun échantillon de ces poissons, qu'il serait intéressant de mieux connaître que par de simples rapports de pêcheurs.

Pour compléter ces indications nous ajouterons encore quelques mots au sujet de ces passages périodiques.

Le sar passe dans le commencement de mai et disparaît à la fin de ce même mois; le *marmore*, une brème ou pagel, sans doute, se montre du 20 mai au 20 août. La sarpe ou dorée, passe avec le mulet *mlabna*, du 20 août à fin octobre. La bogue vient au mois de mai, mais elle est peu abondante.

En somme, on compterait, dans le cours de l'année, treize passages différents, coïncidant, d'après les pêcheurs, avec les changements, ou avec les quartiers de lune.

Les daurades pèsent en moyenne 2 kilos, mais on en prend très fréquemment d'un poids plus que double. Les loups arrivent à 10 kilos, quelques-uns ont le volume de la cuisse. Les soles sont aussi de fort belle taille ; mais leurs mœurs sédentaires ne permet pas de les prendre comme les espèces dont nous venons de parler.

Le lac est habité également par le turbot, le rouget, et par d'autres espèces qu'on ne capture que très accidentellement. L'anguille abonde jusque dans le lac supérieur; mais elle est dédaignée par les indigènes.

Le mode de pêche, que nous venons de décrire, ne s'attaque, on le voit, qu'aux poissons nomades, et encore parmi eux ne prend-on que les sujets parfaitement adultes. Le lac donne, néanmoins, des produits qui avaient tout lieu de satisfaire le fermier général.

D'après les notes qu'a bien voulu nous communiquer M. Ponzevera, l'aimable et vigilant chef du service de la navigation et des ports, on prendrait en moyenne, dans le lac de Bizerte, 500,000 kilogrammes de poisson, représentant une valeur de 750,000 piastres. La ville elle-même en absorbe à peine un vingtième; le reste est expédié à Tunis (environ 70 kilomètres de route) par voitures, à dos de mulets, ou sur des chameaux.

A cet énorme chiffre il faut ajouter le produit obtenu par la vente de la boutargue, qui est très estimée dans la consommation, et très recherchée dans le commerce. On l'obtient en retirant des mulets d'été les ovaires presque mûrs qu'on prépare en salaisons. Il en a été récolté 50,000 pièces, en 1889, vendues 75,000 piastres. Dans le petit commerce de consommation on les paye volontiers 5 francs le kilo, beaucoup plus que la boutargue d'œufs de thons, dont le prix moyen ne dépasse pas 3 francs.

Jusqu'au printemps de cette année, l'État tunisien, propriétaire du lac, en concédait la pêche à un fermier général. L'adjudication, faite aux enchères publiques, comprenait, en même temps, la pêche en mer dans les eaux de Bizerte, et dans celles de Porto-Farina, qui, elle aussi, a sa valeur; mais la durée de ces baux, réduite à trois années, n'a jamais permis au concessionnaire de s'outiller comme il conviendrait, de se munir d'engins moins rudimentaires que ceux restés en usage de temps presque immémorial. La valeur de son matériel n'était estimée, l'an dernier encore, qu'à 20,165 piastres (12,099 francs); dans ces conditions, il est permis de supposer que la pêche était loin de rendre tout ce qu'elle aurait pu donner. Le prix du fermage, qui s'est terminé en mai dernier, était de 270,000 piastres. En ajoutant à ce chiffre une somme égale pour les frais d'entretien et d'exploitation, ou pour la part des pêcheurs, on peut juger du profit net qui résultait de cette opération.

Le lac de Bizerte sera désormais soumis à un régime différent. La concession de cette merveilleuse pêcherie, unique au monde peut-être, est sortie des mains d'un fermier pour passer dans celles d'un entrepreneur de travaux publics, par une clause expresse du cahier des charges. Il est à croire qu'avec la garantie de la jouissance de longue durée qui lui est assurée, celui-ci imprimera une vigoureuse impulsion à cette industrie, en perfectionnant les moyens d'action. Reste à savoir seulement si l'ouverture plus ou moins prochaine d'un port de commerce dans le lac, n'exercera pas sur ses produits une sérieuse influence, et de quelle nature elle sera?

En amont des barrages établis pour le service de la pêcherie, le chenal s'élargit de manière à prendre lui-même l'aspect d'un lac de près de 2 kilomètres de largeur; il est peu profond; ses eaux, incessamment renouvelées par les courants qui chassent tantôt de la mer, tantôt du lac, y sont d'une admirable limpidité, avec fond de sable dur ou de roches, où, par places, se développe une belle végétation. On ne saurait trouver un plus magnifique parc d'élevage pour la culture des coquillages; nulle part nous n'avons vu un ensemble de conditions plus favorables : pureté des eaux, courants assez forts pour remplacer les marées insensibles sur cette partie des côtes, fonds exempts de fange, eaux légèrement saumâtres par suite de l'apport des eaux douces du lac supérieur; l'oued Tindja les y amène en pénétrant par la rive opposée; elles se mélangent donc intimement avec les eaux salées de celui-ci qu'elles doivent traverser avant d'arriver au point où nous sommes.

Les produits de cette industrie de la conchylioculture, si elle venait à se développer, auraient un écoulement toujours assuré et rémunérateur sur Tunis, Bône et Alger.

Mais nous n'hésitons pas à aller plus loin; il nous semble qu'on devrait en outre en faire un champ d'expériences pour des essais de culture des éponges et des pintadines. Une telle tentative nous paraîtrait pleine de séductions et de promesses ; ses résultats économiques seraient, en cas de succès, d'une portée incontestable.

La thonara de Sidi-Daoud. — Si, quittant Bizerte, nous traversons, sans y pénétrer, le golfe au fond duquel sommeille la fille de Carthage, la vaporeuse Tunis, étendue mollement dans la plaine comme un large burnous, nous irons jeter l'ancre à quelques encâblures en aval du cap Bon, dans la petite anse de Sidi-Daoud.

La crique, peu profonde, à peu près déserte pendant huit à neuf mois de l'année, s'anime tout à coup, fin avril, envahie par une population de 300 à 400 marins étrangers. Ils arrivent là, montés sur un lourd vapeur chargé de sel, de vivres et de tous les objets nécessaires à l'exercice de leur éphémère mais fructueuse industrie. Ils ont avec eux un aumônier, un médecin, des infirmières, qui leur assureront les soins de l'âme et ceux du corps. Le petit clocher du campement, en leur rappelant le pays, leur fera momentanément oublier, entre les heures de travail, la femme et les enfants restés là-bas sur le rivage de la patrie, car on n'accepte ici que des bras robustes et valides. Fait digne de remarque, qui ne laisserait pas de frapper un psychologue, en l'absence du sexe faible, il n'y a jamais parmi ces gens ni querelle, ni dispute ! On nous a cité, en remontant au plus loin, un seul cas de deux hommes prêts à en venir aux mains pour une cause des plus futiles ; le directeur les fit conduire à quelque distance dans la brousse voisine, où ils furent abandonnés à eux-mêmes ; quelques instants plus tard, ils revenaient à l'usine, réconciliés, la main dans la main. Le cœur avait ramené la paix avec la raison.

Tous ces hommes s'installent par groupes dans une agglomération de constructions basses, alignées sous un même parement de murs ; ils y trouvent le couvert, le hamac et la gamelle, quelque chose comme l'entrepont d'un bateau. Ils ont à leur tête un reïs, dont l'autorité est souveraine et qui, seul, pendant les trois mois de campagne, commandera à toute cette petite armée, confiante en sa vieille expérience, et docile à sa voix. Le directeur de l'usine, le propriétaire lui-même, n'exercent qu'une simple surveillance, sans autre pouvoir que celui de l'administration. C'est qu'ici le rôle du reïs n'est pas

La matance du thon.

moins considérable qu'à Bizerte. Lui seul a un œil assez sûr pour décider de l'heure des manœuvres. Il y a trente ans passés que celui de Sidi-Daoud est en fonctions, et son regard perçant n'a jamais eu encore la moindre défaillance.

Nous avons définitivement abandonné, à Bizerte, à Tabarca et à La Goulette, les essaims des modestes voyageurs du monde marin; c'est à des animaux de grande taille, à de vigoureux voyageurs qu'on s'attaque à Sidi-Daoud.

La thonara de Sidi-Daoud est établie sur le modèle connu, à l'entrée de la petite baie de ce nom, au sud-est de l'établissement industriel où nous venons de nous arrêter.

Elle se compose, dans ses parties essentielles, d'une longue ligne de filets, tressés en corde d'alfa, à très larges mailles de 30 à 35 centimètres, s'étendant perpendiculairement à la rive, à proximité de laquelle ils s'appuient par leur extrémité, jusqu'à 2,000 mètres en mer; tout au bout de cette longue muraille, formant angle droit avec elle, s'ouvre une première chambre carrée de 50 mètres de côté, communiquant elle-même, par des coupures qu'on peut ouvrir et fermer aisément, avec une série de cinq chambres semblables, formées de tresses de même nature, et aboutissant également à une chambre centrale appelée chambre de la *matance*, ou chambre de mort, la dernière cellule des condamnés; celle-ci est tissée en cordes de chanvre; elle comporte, de plus que les autres, un fond en treillis pareil, sorte de plafond qui peut être relevé et abaissé à volonté.

Ces lourds filets sont tendus verticalement, au moyen de forts paquets de lièges, qui flottent à la surface de l'eau, tandis que de grosses pierres, et une suite de 120 ancres en fer, les fixent au fond. Ils forment, sur leur longueur d'une demi-lieue, un barrage infranchissable qui n'a pas moins de 32 mètres de hauteur.

On comprend sans peine le jeu de cet appareil : les thons qui viennent de la direction de la Goulette, marchant au nord, rencontrent sur leur chemin cet obstacle, et, pour leur malheur, ne cherchent pas à l'éviter, en revenant en arrière; ils en suivent la ligne, la tête sur le filet, et sont ainsi conduits à l'entrée de la première chambre, dans laquelle ils s'engagent sans hésiter. Une fois là, ils ne cessent de tourner sur eux-mêmes, jusqu'à ce que, dans cette évolution, ils viennent à passer devant l'entrée de la deuxième chambre où ils n'hésitent pas davantage à pénétrer. On peut, dès lors, les considérer comme tombés en la possession du pêcheur, qu'ils aillent ou non plus avant dans ce funeste dédale.

On ne pêche pas, si ce n'est dans les très mauvaises années, à moins qu'il n'y ait 5 ou 600 thons réunis. Il y en a eu, un jour, jusqu'à 4,000 à la fois; dans ce cas, on divise la pêche en plusieurs opérations, en répartissant les prisonniers dans les chambres extérieures à celle de la matance, où ils seront repris, l'heure venue. Le reïs en apprécie le nombre, sans se tromper de plus de quelques dizaines, à travers cette tranche d'eau de trente mètres, au fond de laquelle ils s'agitent en tourbillonnant sans arrêt, les plus gros paraissant, à cette profondeur, de la taille d'un vulgaire goujon.

A mesure qu'elles arrivent, les grandes barques se rangent en carré, extérieurement autour de la chambre de mort, et s'amarrent solidement. Dès que le blocus est formé, des hommes disposés aux angles, hissent à l'aide de câbles, le fond mobile de cette chambre, fait d'un filet semblable à celui de ses parois latérales, et, par cette manœuvre, ramènent lentement à la surface tous les captifs qui sont harponnés par des bras vigoureux et emplissent bientôt les bateaux de pêche.

Quand l'œuvre de mort est accomplie, à force de rames, on regagne le havre, chargé des sanglants trophées. La matance est achevée, le travail de l'usine va commencer aussitôt.

Les thons sont reçus, à l'arrivée, dans une vaste salle basse ouverte sur la mer. On les tire sur le dallage en plan incliné; des hommes exercés leur font sauter la tête d'un coup de hache, on les vide, et on les suspend, attachés par la queue, pour les laisser s'égoutter pendant quelques heures. Viennent ensuite les diverses opérations de salaison, ou de cuisson, et de mise en barils ou en boîtes, car on fait les deux préparations, d'après les procédés ordinaires. Quelle que soit l'importance de la pêche, toute l'opération se poursuit sans arrêt, en une seule fois, de jour ou de nuit.

Les parties de l'animal qui ne peuvent être utilisées pour les conserves alimentaires, les yeux, la tête, les nageoires, la queue et les entrailles sont mises à macérer, et produisent de l'huile; on en a obtenu 50,000 kilogrammes, en 1889. Cette huile se vend 60 francs le quintal; elle est recherchée surtout pour le travail des cuirs.

Les œufs, proches de leur maturité en cette saison, font de la boutargue, un peu moins estimée que celle de mulets, mais qui vaut bien encore 3 francs le kilogramme.

L'ossature, et tous les débris sont convertis en engrais pour les cultures. De telle sorte que rien n'est perdu et ne reste sans utilisation.

En mai et juin, ces poissons sont gras et très en chair. Après le frai, au contraire, ils maigrissent, et la chair devient molle, et comme rougie de sang. Ils ne supporteraient plus la préparation en conserves; aussi leur pêche est-elle abandonnée vers le 2 ou le 3 juillet. On ne signale pas de passage de retour sur ce point.

Cuves pour la friture du thon à Sidi-Daoud.

La thonara de Sidi-Daoud a une importance très considérable, encore qu'elle donne des produits très variables d'une année sur l'autre, comme il arrive, partout où l'on s'attaque aux espèces nomades, dont les apparitions sont toujours plus ou moins capricieuses.

Les plus mauvaises pêches correspondent à l'année 1886, pendant laquelle il ne fut pris que 6,700 thons, et, en remontant plus haut, à 1874, année complètement nulle, un ouragan ayant emporté la madrague, au début même de la campagne. Les meilleures approchent du chiffre de 15,000.

En 1877 et en 1878, on inscrivit au tableau 14,900 scombres, 9,180 en 1889.

La pêche de cette année s'annonçait comme devant être moins bonne; au moment de notre visite, fin mai, on n'avait pas encore atteint le premier mille, et le poisson, malgré des vents favorables, se montrait lent à venir.

Dans le nombre, on trouve assez fréquemment des individus pesant 300 kilog., quelques-uns même arrivent à 400; les plus petits,

Séchoirs de têtes de thons à Sidi-Daoud.

ceux-là très rares, descendent jusqu'à 40 kilog. La moyenne est de 100 kilog. au moins.

Autrefois, les salaisons absorbaient la majeure partie de la pêche; mais, aujourd'hui, la proportion est renversée; les préparations à l'huile, de plus en plus demandées dans le commerce, ont de beaucoup pris le dessus sur les premières.

Ces préparations n'absorbent pas moins de 100 à 120,000 litres d'huile d'olive (pour 90,000 francs environ), fournis par un usinier de Sousse. C'est le seul produit pris dans le pays. Le sel pour les embarillages et pour la saumure vient de Trapani, le charbon et le fer noir d'Angleterre, les barils de Savone.

Les boîtes sont fabriquées dans l'usine même, pendant l'hiver, par quelques ouvriers, qui sont, en même temps, préposés à la garde de l'établissement.

Quant aux produits, ils sont tous transportés directement en Italie par un vapeur spécial appartenant à l'usine, et vendus sur les marchés de Livourne et de Gênes. Leur prix moyen est de 175 francs les 100 kilogr. pour les meilleures qualités, et de 30 francs pour les salaisons de rebut.

Dans un rapport statistique sur la navigation et la pêche dans la régence, M. Ponzevera, dont les informations sont toujours très soigneusement prises, estimait à 10,000 quintaux métriques le poids des thons pêchés annuellement, chiffre concordant avec ceux que nous avons personnellement relevés, et leur valeur sur place, à 900,000 piastres (la piastre tunisienne de 0 fr. 60).

D'après les mêmes indications, l'exportation des produits s'élèverait annuellement à 1,650,000 piastres, ainsi répartie :

5,000 barils de thon à l'huile de 50 kilogr., vendus 135 piastres l'un......................	675,000
5,000 barils de thon salé de 50 kilogr., vendus 70 piastres l'un......................	350,000
20,000 boîtes de thon en conserves, pesant ensemble 250,000 kilogr., au prix de 250 piastres les 100 kilogr..........................	625,000
	1,650,000

A cet énorme produit de 1,650,000 piastres, il faut encore ajouter les divers autres profits accessoires de la pêche, huile de thon, boutargue, engrais dont nous ne connaissons pas exactement la valeur, mais qui ne laissent pas d'être importants.

La valeur de l'usine et de son matériel est de 1,300,000 piastres ; la madrague seule ne coûte pas moins de 30,000 francs, et elle dure deux ans en moyenne, jamais plus de trois.

L'établissement de Sidi-Daoud, tel qu'il est actuellement aménagé, avec tous les perfectionnements industriels qui y ont été successivement introduits, avec son personnel nombreux, spécial, stimulé au travail par un intérêt dans les produits de la pêche, avec son état-major expérimenté, assis qu'il est sur de solides capitaux, maître de la place en Italie, doit être, dans les mains de son heureux détenteur, un instrument très puissant et une source de profits considérables.

Il a été donné, par la faveur du bey, au commencement de ce siècle, à la famille Raffo, au pouvoir de laquelle il est constamment resté depuis l'origine. La concession, qui devait prendre fin dans quelques années, a été prorogée jusqu'en 1943 par un décret en date du 9 djoumadi an 1294 de l'hégire (1878); elle comprend le droit d'exploiter la thonara du cap Bon, et d'en établir facultativement une deuxième à Raz-el-Djebel, avec cette faveur exceptionnelle d'une exonération absolue de tous droits d'importation ou d'exportation pour les produits nécessaires à l'usine ou vendus par elle.

La thonara du cap Bon est la seule qui mérite d'être citée sur ces côtes. Il y en avait pourtant une seconde, autrefois, d'importance à peu près pareille, sur la côte Est de la régence. Elle s'appuyait sur l'îlot d'Egdemsi, en face de Monastir. Cette pêcherie a été abandonnée, il y a une quarantaine d'années, non point par suite de pêches insuffisantes, mais pour des causes toutes différentes, étrangères à sa valeur. Espérons qu'avant peu des capitaux français la relèveront de ses ruines.

Les eaux qui baignent la pointe de la presqu'île du cap Bon ne sont pas seulement fréquentées par les énormes scombres aux flancs noirs; on y trouve aussi, et en abondance, la plupart des espèces que nous avons reconnues sur d'autres points; mais elles ne sont pas pêchées d'une manière suivie.

Le rocher de Zimbre émerge en pleine mer, par le travers ouest du cap Bon, à 8 milles environ de Sidi-Daoud. On y voit quelques vestiges d'une ancienne jetée, œuvre, disent les vieux historiens, des Carthaginois, qui entretenaient un observatoire militaire sur le point culminant. Le lieu était admirablement choisi, car de ce sommet, perdu au milieu des flots, on surveille la route la plus habituellement suivie par les navigateurs. Ils avaient élevé là, sans doute, une de ces tours à signaux, dont la construction leur était familière, et qui, au temps de leur puissance, couronnaient la plupart des îles soumises à leur domination.

L'aspect général de Zimbre, très pittoresque à distance, à cause de ses hautes falaises et de ses escarpements, est moins séduisant vu de près. Le sol, sans cesse balayé par de furieux ouragans, est privé de toute végétation forestière. Il est couvert de maigres broussailles, que déchirent par endroits des arêtes vives ou des amoncellements de roches.

Entre temps, l'île est visitée par des Siciliens, qui s'en viennent jeter leurs filets dans ses eaux poissonneuses.

D'avril à juillet, ils pêchent le *zarro* et la *menora*, plus connus sous le nom de *rondina*. Ces espèces sont d'une taille supérieure à

L'île de Zimbre.

celle de la sardine, de forme plus arrondie; leur robe est gris sombre, mouchetée de jolies macules bleues; elles appartiennent vraisemblablement à la famille des Ménidés. Le produit de cette courte campagne s'élève à trois mille quintaux métriques. Ils font sécher ces poissons au soleil, à même sur le sable de la plage, quand ils ne prennent pas le temps de les saler, et les transportent dans leur pays, où ils les vendent 50 francs les 100 kilos.

On pêchait également la *rondina* autour de la Galite; mais elle en a complètement disparu depuis 1887, à la suite du naufrage d'un bâtiment, chargé de plusieurs milliers de tonnes de soufre, qui s'y est perdu corps et biens. Nous citons le fait, sans prétendre tirer aucunes conclusions de cette coïncidence.

Enfin, au mois de juin, une trentaine de barques génoises viennent à Zimbre pour se livrer exclusivement à la pêche de l'anchois, à l'aide de filets flottants, qu'ils appellent « rissolles ». L'anchois de Zimbre est plus renommé encore que celui de Tabarca; aussi ces pêcheurs dédaignent-ils la sardine, et la rejettent-ils à l'eau si elle vient à se mailler dans leurs filets.

Leur pêche moyenne annuelle est de 2,500 quintaux métriques d'anchois, qu'ils salent à bord, et s'en vont vendre à Gênes, où ils en obtiennent facilement 60 à 65 francs le quintal.

— —

Passé le cap Bon, les côtes tunisiennes changent d'aspect; elles perdent peu à peu leur relief, et les bas-fonds s'étendent assez loin. La pêche aussi y prend un caractère différent.

A Sousse et à Monastir, le filet-bœuf n'apparaît plus qu'à de rares intervalles sur des bovos siciliens; il ne descend pas au delà. A Sfax et aux îles Kerkenna, tous les arts traînants sont interdits, et nous verrons la pêche s'y exercer autrement.

Dans le premier de ces ports, il y a une douzaine de barques, montées chacune par cinq hommes; elles portent uniquement les palangres et les lignes de traîne. Cinq barques arabes manœuvrent la senne et l'épervier.

Malgré ce petit nombre de pêcheurs auxquels, il est vrai, viennent s'ajouter des Maltais ou des Siciliens, pendant une partie de la bonne saison, la poissonnerie de la ville est très abondamment pourvue. « Le poisson y tombe de tous côtés », suivant un mot expressif que nous avons entendu, et cela durant huit mois de l'année. On peut évaluer à 150 tonnes la quantité que reçoit annuellement ce marché; le prix moyen de vente est de une piastre le kilogr.

Nous ne parlons plus ici, bien entendu, de l'allache et de la sardine, dont il a été question précédemment. Ces espèces, nous l'avons dit, sont parfois d'une rare abondance; les pêcheurs en ramènent jusqu'à 4,000 kilos par barque, en une seule nuit; leur activité est excitée par la création de nouvelles usines dans le pays; ils leur ont livré 100 tonnes de poisson en 1888, et 230 l'année dernière, en six semaines de travail.

Auprès de là, Monastir, enfermée comme Sousse, du côté de la mer, derrière ses hautes murailles blanches, au milieu d'un nid de verdure, que dominent les hautes têtes des palmiers, participe des mêmes conditions. Elle a, en outre, possédé longtemps une madrague à thons, qui égalait en importance celle du cap Bon. Cette thonara qui, paraît-il, prospérait déjà du temps de Strabon, s'amarrait du côté de terre, sur l'îlot d'Egdemsi, l'un des petits récifs dis-

Monastir.

posés en chapelet à quelques encâblures de la plage, en face de la ville, et s'allongeait vers le large, à 2,000 mètres, par des fonds de vingt brasses. Il n'en reste plus la moindre trace ; elle a disparu, il y a environ quarante ans. Nous avons déjà exprimé le vœu de la voir rétablir ; ses produits prendraient bien vite leur place dans la consommation de la métropole.

Les espèces qu'on trouve le plus communément dans ces parages, sont : le pagel, le rouget, la rascasse, le loup, la bonite et le thon, la sole, l'orphie, la vive, l'aigle, des squales, parmi lesquels l'ange de

mer, et le marteau (*balista*, Ital.-*Mokarhan*, *Ar*), l'étrange malarmat (*peristedion Lin.*), avec sa forte cuirasse et son museau armé
d'une double pointe; le non moins curieux remora (*Echeneis remora*),
remarquable par la bizarre conformation de son crâne plat, pourvu
d'un disque composé d'une série de ventouses, à l'aide desquelles il
s'attache fortement aux parois des rochers, ou aux flancs des
bateaux. C'est de là, sans doute, que lui vient son nom de *calfat*,
sous lequel le connaissent les pêcheurs.

Les auteurs anciens racontent bien des légendes à l'actif de ce
poisson, qu'ils supposaient capable d'arrêter les navires dans leur
marche, et d'être dressé à la pêche des tortues. Lacépède a observé
les dispositions du remora à voguer sur le dos plutôt que sur le
ventre, et il en a cherché la cause dans sa conformation spéciale,
qui doit produire chez lui un déplacement du centre de gravité. On
peut remarquer aussi la disposition des couleurs, inverse de ce
qu'elle est chez les autres poissons; en effet, le ventre est d'un noir
foncé, tandis que le dos et le disque céphalique sont de teinte plus
claire. Cela résulte encore de ce que l'animal, vivant presque constamment fixé par le dessus de la tête à un corps étranger, le dos ren-
versé, par conséquent, présente presque constamment le ventre aux
rayons lumineux, tandis que le reste du corps en est abrité par le
support auquel il est fixé. « En examinant ce poisson, écrivait notre
savant collègue, M. Léon Vaillant, on serait tenté de l'orienter au
rebours de ce qui est la réalité, prenant la partie supérieure pour
l'inférieure, et réciproquement. L'illusion est d'autant plus grande
que, si on le met dans une cuvette avec de l'eau de mer, il se fixe
immédiatement au fond, présentant ainsi à l'observateur sa face
ventrale sombre. En outre, les yeux sont tournés de ce même côté,
et la bouche, dont la partie supérieure déborde l'inférieure, rappelle
beaucoup celle d'un grand nombre de poissons chez lesquels, au
contraire, cette mâchoire supérieure est la plus courte. »

La tortue de mer est aussi très commune dans les eaux de Sousse
En été, les barques de pêche en rapportent jusqu'à cinq ou six,
chaque jour.

A Mahedia, il n'y a guère que les sardinaux, dont nous avons dit
l'importance. On y pêche, à l'aide des lignes, toutes les espèces
ci-dessus, et elles y sont étonnamment abondantes. Il nous souvient
d'avoir vu de nos yeux revenir un pêcheur rapportant 4 à 500 kilogr.

de magnifique poisson capturé en quelques heures ; il avait tendu ses palangres vers minuit, s'était tranquillement endormi dans son bateau, et les avait relevées dès le matin. Ce même homme nous a déclaré ne pas prendre tout ce que la mer pourrait lui donner, faute d'un écoulement assuré. N'est-ce point là un nouvel et frappant exemple de la fertilité des eaux tunisiennes ?

Les passages de thons y sont réguliers ; il est question, nous l'avons dit, de créer une madrague à la hauteur du cap Dimas, ou dans le voisinage des Kuriat.

On a reconnu, à trois milles de la côte, un gisement d'éponges fines qui paraissait être assez riche. Des Grecs essayèrent, il y a six ans, de les pêcher au scaphandre, par des fonds de 35 mètres ; mais, après avoir perdu successivement trois hommes en quelques jours, ils durent y renoncer. Les éponges ordinaires vivent également sur ces fonds ; après les gros temps, les bords de la mer en sont quelquefois couverts, et les Arabes en chargent littéralement leurs petits ânes ; mais il n'y a là aucun commerce sérieux.

Au delà du cap Africa, la pêche au filet est remplacée par des pêcheries fixes. Des bas-fonds très étendus de sable ou de vase, l'existence de marées, dont l'amplitude, de Sfax à Djerba, atteint $1^m,80$, l'éloignement de cette partie du littoral, qui en rend l'accès moins facile aux tartanes italiennes, et aussi, peut-être, l'apathique indolence des naturels, peu enclins à s'écarter de terre, devaient décider de cette modification dans l'exploitation des eaux, et pousser de préférence ces derniers à une pêche sans dangers comme sans fatigues, et néanmoins rémunératrice. Aux Kerkenna même, où il n'y a pas moins de 3,000 hommes vivant de la pêche, l'usage des filets est formellement interdit par décret beylical.

Les pêcheries de cette région, établies sur un modèle uniforme, sont des plus rudimentaires : deux lignes de pieux enfoncés dans le sol, suivant un angle plus ou moins aigu, et reliés par des palissades en côtes de djerids, ou branches de palmiers, distantes de un à deux centimètres ; au sommet de l'angle, une grande nasse mobile, appâtée avec des morceaux de poulpes, ou avec des débris de poissons ; rien de plus. Il y en a ainsi 1700, dans la seule circonscription de Sfax, qui comprend le groupe des îles Kerkenna.

Dans ces îles basses, isolées en mer par des bas-fonds prolongés qui en interdisent l'accès aux navires de la plus faible cale, assez peu fertiles pour que le palmier lui-même y mûrisse mal ses fruits, l'homme ne peut guère, il est vrai, employer autrement ses forces. Aussi bien sont-elles entourées d'une ceinture presque continue de clayonnages, dont quelques-uns sont poussés jusqu'à cinq milles au large. Tous les habitants sont pêcheurs; chacun d'eux a le droit d'avoir sa pêcherie et de l'installer où bon lui semble, à la seule condition de ne pas gêner celles qui existent déjà; s'il survient des

Pêcheries de Sfax (Bordigues en clayonnages).

différends à ce sujet, ils seront tranchés souverainement par l'Amin. La bordigue, une fois établie, devient propriété de famille, transmissible de père en fils, et désormais, tout le travail consistera à les entretenir, et à visiter chaque jour les nasses après la marée.

Sfax reçoit 1200 kilogr. de poisson par jour, non compris l'énorme quantité consommée par les pêcheurs; les Arabes en sont très friands, et payent facilement 1 piastre le kilogramme, quelle que soit la qualité.

Les espèces communes sont le mulet et le loup, la rascasse, la perche de mer, le rouget, le pagel, la raie ronce et la torpille, des squales, de jeunes thons, la bonite et la pelamide, des crevettes, des seiches et des tortues.

Signalons, en passant, la prise accidentelle, au moment de notre retour, d'un cachalot de taille assez respectable ; ce cétacé mesurait 17 mètres de longueur, sur 3 de hauteur. Il fut harponné à quelques milles de Sfax, et remorqué, non sans péripéties, par la *Rosette*, faible chaloupe à vapeur affectée au service des ports. Le manque de temps, d'outillage et de moyens matériels, ne nous a pas permis, à notre grand regret, d'en faire la dissection et d'en con-

Remorque d'un cachalot à Sfax.

server les pièces anatomiques les plus intéressantes. Le monstre a été adjugé aux enchères, au prix de 800 francs environ, à des usiniers, qui l'ont dépecé pour en tirer de l'huile. Il faut remonter à près de trente années en arrière pour retrouver l'exemple d'une pareille capture.

De Sfax à Gabès, on compte un certain nombre de pêcheries fixes, réparties sur différents points du littoral, et suffisant amplement aux besoins des petits centres de population qui y existent; mais elles ne méritent aucune mention spéciale, et il faut arriver à Djerba pour voir cette industrie dans toute son activité.

Djerba. — La grande île de Djerba est d'accès difficile ; les paquebots doivent jeter l'ancre à huit milles au large d'Houmt-Souk, son principal port, auprès d'un ponton mouillé à demeure. De là, on achève la traversée sur de petites mahones, en moins d'une heure, par bonne brise, très péniblement, par calme plat ou par vent contraire ; mais les ennuis de la traversée sont bientôt oubliés, dès qu'on a mis le pied sur ce délicieux coin de terre, qui fut, dit-on, la patrie des Lotophages. Sans avoir l'exubérante richesse de végétation, qui fait le charme enchanteur de l'oasis de Gabès, Djerba avec ses 400,000

El Kantara.

palmiers, avec ses innombrables oliviers dix fois séculaires, ses maisons blanches, disséminées dans les massifs de verdure, d'où émergent des minarets aux gracieux clochetons, sous un ciel toujours bleu, que n'assombrissent que de très rares orages aussitôt dissipés, était bien faite, en effet, pour effacer des cœurs de ses nouveaux habitants le souvenir de la patrie perdue.

L'immense mer l'entoure sur trois de ses côtés ; le quatrième, baigné par la mer intérieure de Bograra, pousse ses deux pointes vers le continent, dont il n'est séparé que par une étroite tranche d'eau. Les Romains, dont la colonisation ne fut pas sans gloire, avaient relié l'île à la terre d'Afrique, au moyen d'une jetée de 6,500 mètres de développement, que la mer a ruinée sur bien des points. On peut encore faire la traversée à pied, à marée basse, avec de l'eau jusqu'à la ceinture au maximum.

Sur toutes ses faces s'étendent des bas-fonds de sable, occupés par des clayonnages en branches de palmiers, assez semblables à ceux que nous avons visités dans le quartier de Sfax. Ainsi qu'aux Kerkenna, chaque habitant de l'île de Djerba a le droit de s'établir sur les rivages, en respectant les droits acquis, mais sans avoir à

Pêcheries en clayonnages de Houmt-Adjim (Ile de Djerba).

supporter aucune redevance pour le fait de cette occupation du domaine public.

Les pêcheries disséminées autour de l'île sont au nombre de 121 ; elles affectent le plus ordinairement la forme d'un V très ouvert, et orienté vers la haute mer, à la différence de celles de Cancale, qui le sont vers la terre. Leurs bras mesurent 150 à 200 mètres de longueur, parfois même davantage encore.

La mer de Bograra est d'une extrême fertilité. Les espèces ichtyologiques les plus variées entrent en masse dans le détroit limité du côté de la Tunisie par des falaises abruptes, du côté de l'île par des plages sablonneuses, qui s'étendent en pente douce sur plus d'un

Pintadines draguées à Djerba le 20 mai 1890 — d'après nature. — Réduction au 5/6.

kilomètre; c'est sur cette rive que sont les plus longues lignes de clayonnages, et à leur pointe extrême elles ne sont pas par plus de trois mètres de fond aux plus hautes marées. Partout l'eau est d'une limpidité inaltérable.

On peut évaluer à deux tonnes par an le produit de chacune de ces pêcheries; celles d'Houmt-Adjim, sur la petite mer intérieure, donnent même jusqu'à deux tonnes et demie et trois tonnes.

Les Arabes se servent aussi de verveux en bois pour la capture du petit poisson; ces engins, qui mesurent ordinairement 0^m,40, se remplissent souvent à fond, même sans appât, ce qui prouve bien la richesse de ces eaux. Il n'y en a pas moins de trois cents, actuellement en usage dans les différents villages de pêcheurs.

Le poisson frais entre pour une large part dans la consommation du pays; son prix de vente, au détail, varie de une demie à une piastre le kilogramme (0 fr. 30 à 0 fr. 60); mais la population de l'île ne suffirait pas à absorber l'énorme quantité fournie par les pêcheries. Tout l'excès de la production est séché au soleil, et expédié dans les oasis de l'intérieur, et jusqu'en Tripolitaine.

La pêche au filet est quelque peu pratiquée dans la mer de Bograra, entre Galala et El-Kantara; elle donne surtout des loups et des mulets.

On prend, en outre, dans les parages de l'île, des soles, des perches, des sars, les deux rascasses, quelques pagels et quelques raies, des rougets, des mérous en grande quantité, des squales, la crevette, la grosse tortue de mer, et une autre espèce de petite taille et à écaille noire; la première est sans valeur; celle-ci, au contraire, est très recherchée par les riches musulmans, qui n'hésitent pas à en offrir des prix excessifs de 1000 et de 1500 piastres, à cause des propriétés aphrodisiaques qu'ils attribuent aux organes du mâle de l'espèce. Elle est connue des Arabes sous le nom de *bouzegza;* mais on la rencontre très rarement.

Nous ne parlons pas des poulpes ni des éponges, dont nous nous occuperons ci-après, dans un chapitre à part, en raison de leur importance dans le produit général des pêches tunisiennes.

Citons, enfin, un banc d'huîtres à Adjim, aux abords de l'îlot de Kattia, et la petite pintadine, dont nous avons été, croyons-nous, les premiers à signaler l'existence sur ces rivages. C'est, d'ailleurs, le hasard qui nous a fait rencontrer celle-ci, à bord d'une sakolève grecque revenant de la pêche aux éponges. Les précieuses avicules avaient été ramenées avec d'autres coquillages par la gangave dont se servent ces bateaux; il y en avait ainsi un certain nombre, encore vivantes, mesurant en moyenne $0^m,07$; elles n'avaient pas de perles, mais leur nacre nous a paru être d'une très belle qualité. La photographie que nous avons prise aussitôt, avec soin, en donne, avec autant de précision que possible, les caractères principaux.

Il serait du plus haut intérêt de déterminer exactement les gisements de cette espèce, qui, d'après nos informations personnelles, vit sur plusieurs points du golfe de Gabès, et d'étudier la richesse de ces colonies jusque-là inconnues; il ne le serait pas moins de travailler à leur développement, à leur culture industrielle, et d'entreprendre sur ces mêmes fonds, qui semblent au premier abord très favorables à ces expériences, l'acclimatation de la grande pintadine.

Des travaux d'une telle nature ne seraient pas seulement d'une haute portée au point de vue zoologique, ils pourraient, en même temps, donner des résultats économiques extrêmement considérables; nous ne saurions souhaiter trop vivement qu'ils puissent être entrepris sans tarder, avec ardeur et avec les moyens nécessaires pour en assurer le succès.

La pêche est libre dans la Régence, mais la vente du poisson est soumise à des droits extrêmement lourds pour les pêcheurs. En vertu d'un décret beylical du 20 mars 1886, ceux-ci doivent à l'État 4/16 par piastre sur le produit de leur pêche, soit 25 p. 100. Ce droit est rigoureusement perçu par un fermier général, qui a ses représentants dans chaque port; malgré l'extraordinaire fertilité de la mer tunisienne, il peut paraître excessif, et de nature à paralyser l'essor d'une industrie si utile et si digne d'être encouragée.

Pêche des poulpes et des éponges. — Nous avons montré, dans les pages qui précèdent, combien merveilleuses sont les multiples ressources que l'homme puise dans les eaux fécondes de l'Afrique française, et on a pu entrevoir celles plus grandes encore qu'il en tirerait par une meilleure exploitation; mais là ne s'arrête pas ce tableau, et il faut encore, aux formes que nous avons désignées, en ajouter deux nouvelles, sous lesquelles se traduisent ces inépuisables largesses : nous voulons parler des poulpes et des éponges. Quatre mille hommes s'adonnent à leur pêche, et en tirent tous leurs moyens d'existence.

La pêche de ces animaux est soumise à un régime spécial, réglementé par décret du 10 redjeb 1302 (25 avril 1885). Pour faciliter la rentrée des droits fiscaux qui la frappent, le recouvrement en est abandonné à un fermier général, qui se charge de les percevoir par ses agents préposés dans les ports, sur un taux déterminé, et ne doit compte à l'État que d'une somme préfixe, invariable. C'est une entreprise véritable; concédée dans des conditions stipulées en un cahier des charges, et à un prix résultant d'une adjudication aux enchères publiques.

Le fermage en cours date du 13 juillet 1888 (1 adjemi 1305), et doit avoir une durée de quatre années. Il a été attribué, moyennant une redevance envers le Trésor, de 203,000 piastres[1], à la maison Coulombel et Devismes, de Paris, qui donne, de longue date, des gages de dévouement aux intérêts du pays.

La part à percevoir sur le produit de ces pêches est fixée à 33 p. 100 sur les poulpes, à 25 p. 100 sur les éponges blanches, et à 33 p. 100 sur les éponges noires.

L'adjudicataire ne doit rien réclamer en dehors de cette quotité, qu'il reçoit en nature. Son bénéfice est toujours très incertain et dépend des hasards de la pêche, et de la fidélité de ses agents, puisque, en tous cas, quelles que soient les sommes perçues en son nom, il est comptable envers l'État de l'annuité fixée par l'adjudication. C'est à lui qu'incombent, en outre, la garde et la surveillance nécessaires en mer et sur les plages, dans les ports d'embarquement et dans l'intérieur des villes, pour assurer l'exécution des lois. Sans doute, il lui est permis, à l'occasion, de requérir l'assistance de la force publique, mais sans pouvoir, en aucun cas, invoquer la responsabilité de l'État et lui réclamer des dommages-intérêts.

Les droits de pêche, ainsi concédés au fermier général, doivent être perçus à terre, de même que les droits d'exportation. Afin d'assurer la bonne exécution de cette clause, on impose à chaque pêcheur l'obligation de se pourvoir d'un permis de pêche, conformé-

---

[1] Une piastre tunisienne = 0 fr., 60.

PERMIS

N°

Capitaine

Nom du Bateau

Nationalité

Époque

du

au

La Caution

Nom du Gardien

Noms des Pêcheurs

FERMAGE DU DROIT DE PÊCHE DES ÉPONGES ET DES POULPES

RÉGENCE DE TUNIS

—

FERMAGE

DU

DROIT DE PÊCHE

DES

ÉPONGES ET POULPES

—

N°

(Ce numéro devra être peint sur la voile et sur l'arrière du bateau.)

PERMIS DE PÊCHE

Permis au Capitaine   de pêcher dans les eaux tunisiennes de ce parage, avec   et   jusqu'à   aux conditions suivantes, qui lui ont été convenues en ce jour en présence de M.
de   dont relève le susdit Capitaine

A l'expiration du terme précité le Capitaine susdit s'engage à revenir à   et à porter à terre tous les poulpes et éponges péchés par l'équipage de ses barques, et avec les engins ci-dessous mentionnés, afin d'y satisfaire aux droits que les tarifs en vigueur allouent au fermier, outre le payement au Receveur des Douanes du droit d'exportation sur tout ce qui sera embarqué pour l'Étranger.

Il s'engage également à ne point communiquer avec la terre, sauf le cas de force majeure dûment constaté, partout ailleurs que sur les points où existent des échelles d'embarquement autorisées.

Il s'oblige à peindre, en caractères très apparents, sur la voile et sur l'arrière de chacun de ces   navires, le numéro du présent permis de pêche.

Il s'oblige, en outre, à recevoir à bord de ses barques   gardiens chargés d'exercer la surveillance au nom du fermier.

Il consent à ne retirer ses papiers de bord des mains du   soussigné, auquel il les remet en dépôt, qu'après avoir rapporté à terre le produit de sa pêche et l'avoir soumis au prélèvement du fermier.

Il s'interdit, enfin, l'emploi de la drague ou gangava, du 1er mars au 1er juin de chaque année.

Toutes ces conditions doivent être exécutées par le Capitaine, sous peine de retrait immédiat du présent permis.

Signé : Pour LE FERMIER,   *Signé :* L'AGENT CONSULAIRE,

Signé : LE CAPITAINE,   Vu à la Douane de
          Ce   18 ,

Signé : LA CAUTION,   *Le Receveur,*

Pour la garantie de l'exécution de ces obligations.

{ Le pêcheur dépose entre les mains de   soussigné, un cautionnement de   qu'il consent à ne retirer qu'après avoir rapporté

{ Le pêcheur offre la caution de M.   lequel, à ce présent, déclare s'engager solidairement à payer les dommages-intérêts auxquels le pêcheur pourra être condamné, pour n'avoir rapporté à terre, et soumis au prélèvement du fermier, le produit de sa pêche. (En cas de soumission de caution, ce permis sera fait en trois originaux, dont un pour la caution.)

ment aux dispositions réglementaires de l'article 1er du décret du
10 redjeb 1302 (25 avril 1885). Ce permis est dressé, pour les étrangers, devant l'autorité consulaire; pour les indigènes, en présence
de l'autorité administrative locale, ou par-devant notaire. En voici,
d'ailleurs, le modèle actuellement en usage; la formule en est assez
précise pour bien marquer les conditions dans lesquelles s'exerce la
pêche.

Le fermier n'a de droits que sur les poulpes; les autres espèces
de Céphalopodes, calmars, sépias, etc., sont affranchis à son égard,
et rentrent dans la pêche ordinaire.

Le droit sur les éponges noires s'entend sur les éponges brutes,
telles qu'elles sont sorties de l'eau, par opposition aux éponges
blanches, c'est-à-dire à celles qui ont été préalablement débarras-
sées de leur enveloppe gélatineuse, et qui ont subi un premier
lavage. La différence de taxe qui les frappe est parfaitement justifiée
par leur valeur intégrale, les premières entraînant certaines dépenses immédiates et nécessaires de manipulation, avant d'être
mises dans le commerce.

I. *Poulpes*. — Sous son aspect repoussant, l'horrible pieuvre aux
huit bras constitue une incontestable ressource alimentaire. Elle

Pièges à poulpes.

fait l'objet d'une pêche très active sur tout le littoral de la Régence;
nous l'avons vue si abondante à la Goulette que, dans la consommation à l'état frais, son prix tombe souvent à moins d'un carroube

(0 fr. 04) le kilog. Dans le sud, elle est poursuivie avec plus d'ardeur encore, et devient, non plus seulement une denrée alimentaire pour les indigènes, mais encore, nous allons le voir, un important article d'exportation.

Sfax et Djerba sont les deux centres principaux de cette industrie, qui s'exerce à peu près sur tous les points habités du golfe de Gabès.

Les poulpes se prennent à la foëne et dans les filets ordinaires ; mais on les pêche plus généralement par des procédés tout spéciaux.

Sur les plages basses, on trace d'étroits chemins creux, de plusieurs centaines de mètres de longueur, dont les bords sont formés de pierres simplement posées les unes auprès des autres sur le sol, ou à l'aide de petits pieux ou de branches de palmiers disposées en ligne, de la même façon.

L'étrange mollusque vient s'abriter dans ces retraites pour guetter tranquillement sa proie. On l'y saisit à marée basse, sans qu'il ait même l'air de songer à fuir, occupé qu'il est le plus souvent à se repaître avidemment de quelque victime tombée par surprise dans le fatal enlacement de ses bras puissants.

Sur d'autres points, aux Kerkenna, et surtout à Djerba, les pierres sont remplacées par de longues files de gargoulettes, placées à même sur le fond. Si les eaux sont trop hautes, on attache les vases à des cordes, comme les hameçons aux palangres, et on les coule de même. Les pieuvres affectionnent tout particulièrement ces abris

dans lesquels elles logent facilement leur corps membraneux, laissant à peine sortir leurs bras, toujours prêts à s'emparer de l'imprudent qui passe à leur portée. La poterie est percée à sa base et parfois sur sa panse de petits trous par lesquels, avec le moindre piquant, on provoque la sortie du poulpe.

Il n'y a pas moins de 10.000 pièges de cette nature tendus autour de Djerba. Ces engins d'un nouveau genre sortent de l'importante et très ancienne fabrique de poteries de Galala, située sur la mer de Bograra, à égale distance d'Houmt-Adjim et de El Kantara.

Ailleurs, à la Goulette notamment, on prend le poulpe par ses propres appétits, en attachant un poulpe femelle à un pieu fixé dans l'eau, ou bien en le tenant à bout de bras, au moyen d'une corde. En quelques instants, on voit accourir de toutes parts ses congénères, qui viennent s'enlacer au prisonnier, et, dans leur ardeur inassouvie, se laissent harponner à l'aide d'un simple crochet.

La pêche des poulpes est surtout pratiquée en hiver, d'octobre à mars, quoiqu'on en prenne pendant toute l'année. Ses produits sont très variables, ils oscillent entre 170 et 240 tonnes.

Pendant la dernière campagne 1889-90, la part du fermier, qui représente 33 p. 100, a été de 23,176 rotolis[1] seulement, ce qui est un chiffre très bas ; la précédente (1888-89), avait donné 100,000 rotolis ; la moyenne est de 70,000. En triplant ces chiffres, on obtient le produit total de cette pêche, nous voulons dire le total apparent, auquel il faut ajouter les quantités consommées par les pêcheurs, et celles qui, pour une cause quelconque, échappent à la perception.

Ces indications, qui nous ont été obligeamment données par le fermier lui-même, comprennent les poulpes à l'état sec. Or la dessiccation enlève à l'animal les trois quarts de son volume primitif.

Aussitôt après la pêche, le poulpe doit être battu violemment, et pendant un temps relativement long. Ce travail a pour but de le tuer, ce qui n'est pas une facile besogne, tant il est chevillé à la vie, et aussi d'amollir les chairs pour les attendrir, les mortifier.

Dans une très intéressante étude sur les pêches du golfe de Gabès[2], M. le lieutenant de vaisseau Servonnet décrit ainsi cette bizarre opération : « Tout d'abord, on décapuchonne les poulpes, c'est-à-dire qu'on leur enlève une membrane dure qu'ils ont sur la tête ; puis, les saisissant par le haut du corps, on les frappe vigoureusement contre terre, environ 150 fois de suite. Ce battage terminé, on les mallaxe en leur imprimant un mouvement de va-et-vient, en même temps qu'on les comprime violemment sur le sol, pour leur faire dégorger la plus grande partie de l'eau qu'ils contiennent ; on

---

[1] Le rotolo tunisien équivant à 500 grammes.
[2] *Revue maritime et coloniale*, 1889 : avril, 143 ; mai, 359.

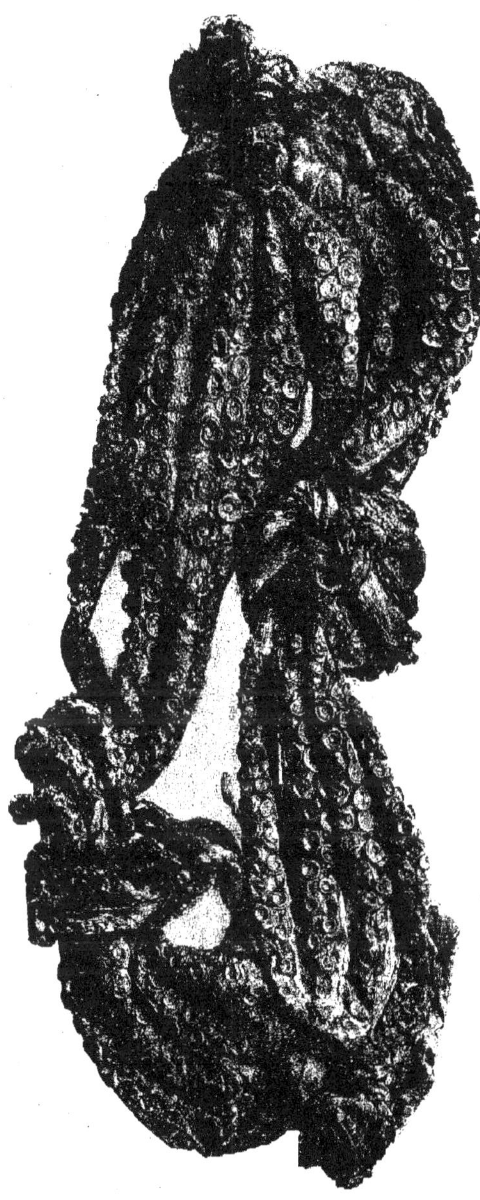

Poulpes secs pour l'exportation.

les dessèche enfin complètement, en les suspendant à une corde tendue au soleil.

« Il est inutile de les saler, car l'évaporation de l'eau de mer, dont ils sont encore imprégnés à la fin des opérations précédentes, laisse dans leur chair assez de sel pour en assurer la conservation. »

Lorsque la dessiccation est achevée, le poulpe est prêt pour l'exportation; il peut ainsi se conserver une année entière et plus. On les réunit ordinairement par paires, en nouant ensemble l'extrémité des bras.

Cette pêche donne, d'après l'estimation de M. Ponzevera, une moyenne générale de 2,000 quintaux métriques, représentant une valeur de 200,000 piastres.

Elle alimente une branche importante d'un commerce d'exportation, qui a ses débouchés dans la Grèce proprement dite, dans les Cyclades, aux Sporades, et en Crète.

La religion grecque, qui a de bien autres exigences que la nôtre, impose aux fidèles deux sévères carêmes, qu'ils observent sans murmurer, l'un, le carême pascal, de 46 jours, l'autre, le petit carême de la Vierge, de 15 jours, pendant lesquels l'usage de tout aliment gras, du poisson, ou plus généralement de tout animal « ayant du sang », est rigoureusement interdit. Il n'y a donc guère d'autre ressource pour les classes peu aisées que le caviar et les poulpes. Le poulpe sec s'y vend en détail 2 francs l'ocque [1]. Les pêcheurs tunisiens doivent bénir ces salutaires prescriptions, et souhaiter qu'elles soient longtemps encore observées.

II. *Éponges.* — Si les poulpes ont une certaine importance dans les produits de la pêche en Tunisie, bien autre encore est celle des éponges.

Le précieux zoophyte, dont les naturalistes ne font plus un simple végétal, mais autour duquel flottent encore bien des voiles, habite le littoral que nous parcourons, sur toute sa longueur. Néanmoins, ce n'est qu'au delà du cap Africa qu'il vit en colonies suffisamment nombreuses, et qu'il développe assez de qualités pour acquérir réellement une valeur commerciale. Le mouvement d'affaires, auquel il

[1] L'ocque vaut 1f250.

donne lieu dans le port de Sfax, qui en est le grand entrepôt, n'est pas inférieur, annuellement, à trois millions de francs.

La pêche des éponges est en pleine activité d'octobre à fin janvier. Elles croissent, en effet, sur des fonds généralement recouverts d'une abondante végétation, qui les abrite en les dissimulant complètement. L'automne, qui dépouille nos arbres de leurs feuilles, exerce également son action sous les eaux ; à son approche, les algues sous-marines se flétrissent, et sont bientôt arrachées et entraînées par les courants, ou par les violents remous que soulèvent les vents d'équinoxe, laissant le sol presque à nu ; c'est le moment favorable pour l'explorer. Il faut donc, en principe, deux conditions pour qu'une campagne soit fertile : tout d'abord, des ouragans qui dégagent ces fonds de mer, puis, au contraire, des temps calmes, qui permettent aux plus frêles embarcations de se tenir à l'eau. La première se produit avec trop de régularité et de fréquence, au gré des navigateurs, la seconde est malheureusement d'une réalisation moins assurée.

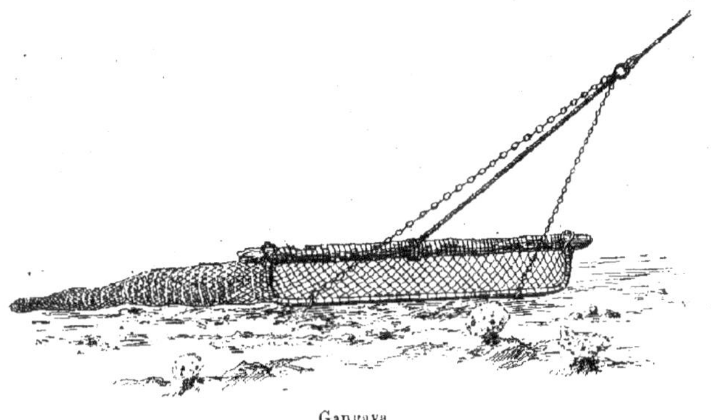

Gangava.

Cette industrie de la pêche des éponges est monopolisée, d'une manière presque exclusive, par des étrangers, Grecs, Maltais, Italiens, qui, l'heure venue, envahissent littéralement le golfe de Gabès, montés les uns sur leurs gracieuses sakolèves, les autres sur de lourdes tartanes ; d'énormes skounafs de 80 tonneaux arrivent des Cyclades ; enfin, quelques mahones, et les loudes des Kerkenniens complètent cette flottille ; les gros bateaux traînent à la remorque mille barquettes indigènes, louées pour la saison. C'est une population de 5,000 marins, qui, chaque année, est ainsi mise en mouvement, ceux-là manœuvrant la gangava, ceux-ci se servant du miroir.

La gangava, qu'on trouve à bord des sakolèves grecques, est un véritable chalut, à cette différence près que sa ralingue inférieure est formée par une grosse barre de fer ronde, au lieu d'être tranchante comme dans celui-ci ; elle n'en offre pas tout à fait au même degré les funestes inconvénients ; elle aussi, cependant, laboure cruellement les fonds, déracinant ou brisant ce qui se trouve sur sa route, creusant sous son passage de larges sillons de mort, déracinant les jeunes embryons, en même temps que les éponges mûres ; mais cet instrument est indispensable pour l'exploration des grands fonds, d'où les éponges ne seraient jamais retirées sans son secours, et où il fait d'amples moissons.

150 à 200 sakolèves, d'une quinzaine de tonneaux, montées chacune par six hommes, draguent incessamment le golfe, sans respecter les parties où la pêche au miroir peut être pratiquée. Leur action est d'autant plus fâcheuse qu'elle ne s'exerce pas seulement durant les mois d'hiver, mais indifféremment pendant la majeure partie de l'année. Bien que leur emploi ne remonte pas très loin, il tend de plus en plus, grâce aux résultats qu'il donne, à se généraliser parmi les équipages appartenant à d'autres nationalités.

Cet engin est formellement interdit pendant trois mois, du 1er mars au 1er juin de chaque année ; mais les pêcheurs étrangers s'en servent clandestinement sans désemparer, et éludent complètement la prohibition, faute d'une surveillance suffisamment armée ; il serait désirable que son usage fût plus sévèrement surveillé, voire même qu'il fût restreint davantage, et assujetti à une réglementation plus étroite, sous peine de voir bientôt tarir définitivement cette source de richesses.

Le mode de pêche le plus en faveur parmi les Maltais et les Italiens est la pêche au miroir. Les grosses chaloupes, bovos, mahones, loudes, skounafs, louent, dès le commencement de la saison, à de bonnes conditions de prix, pour les 3 ou 4 mois de campagne, de petites barques arabes, montées au plus par trois hommes, le plus souvent par deux, qu'elles remorquent sur les lieux de pêche ; elles jettent l'ancre et s'y tiennent en permanence, servant à la fois de poste de surveillance, de dépôt de vivres, et de magasin où s'amoncelleront les produits. Autour d'elles, les barquettes évolueront dans un rayon assez étroit, fouillant minutieusement les fonds.

L'un des hommes qui montent ces légers esquifs se tient aux avirons, l'autre se place à l'avant dans une échancrure du faux pont,
percée à cet effet, et appelée *trou d'homme* ; celui-ci, le corps penché

Pêche des éponges au miroir.

sur la proue, supporte de la main gauche un cylindre creux
en fer battu, de la forme et de la capacité d'un seau ordinaire, dont
l'une des extrémités, celle qui repose sur l'eau, est fermée par un

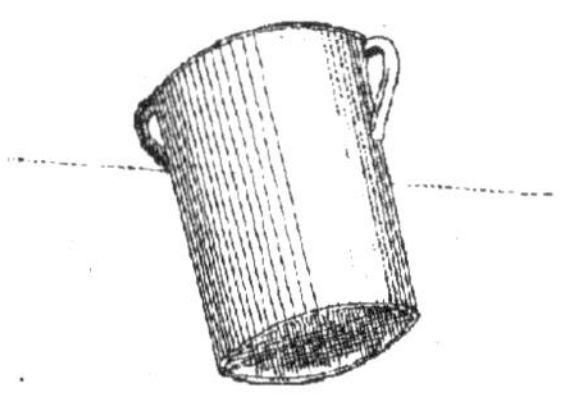

Miroir.

carreau en verre blanc. Ce rudimentaire instrument d'optique, rem-
place très avantageusement l'huile que projetaient les vieux
pêcheurs à la surface de la mer, pour atténuer les rides qui

amoindrissent sa transparence, et permet d'explorer distinctement le fond à des profondeurs de 8 et 10 mètres, pour peu que le côté vitré soit immergé de quelques centimètres. C'est le miroir, ou la lunette de calfat, le *specchio* des Italiens, l'outil précieux dont se servent les pêcheurs de nacre des îles Tuamotu et Gambier, en Océanie. Le guetteur se tient ainsi, des heures entières, immobile, attentif, et son œil exercé ne perd pas une des rugosités, pas une saillie du fond; aperçoit-il la masse noire de l'éponge, de son bras resté libre il lance avec force et sûreté le trident dont il est armé, et d'un seul coup bien dirigé, l'atteint, la détache et l'enlève.

Ces foënes, à trois ou à cinq dents, sont fixées au bout de longs et forts bâtons, dont la manœuvre demande une main habile; elles ne sont pas sans causer quelques déchirures à l'éponge; mais cet inconvénient n'a qu'une influence relative sur sa valeur commerciale, en raison de la grossièreté de son tissu, tandis qu'il laisserait des traces dommageables sur les belles éponges fines de Syrie.

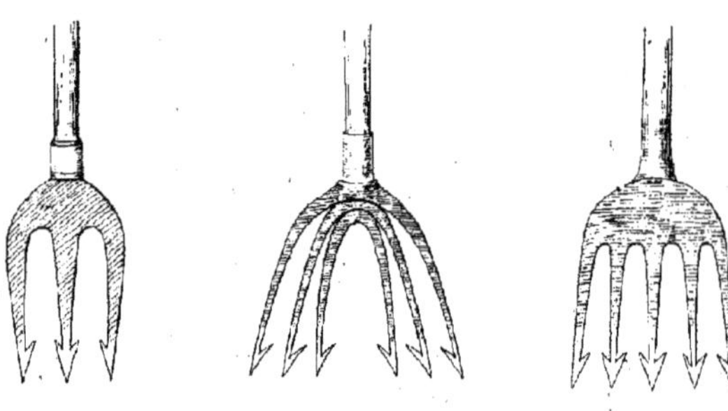

Foënes

Les Grecs avaient fait, il y a peu, des essais de pêche au scaphandre dans les eaux profondes, où l'on ne pourrait lancer la foëne; mais ils n'ont pas tardé à y renoncer, vraisemblablement à cause du prix élevé de cet instrument, des difficultés de sa manœuvre, de l'impossibilité de réparer sur place les incessantes avaries que produit son emploi, et des graves accidents qu'il occasionne. La qualité et la quantité des éponges pêchées ainsi ne compensaient pas, à beaucoup près, les dépenses que nécessitait ce système. D'ailleurs, on trouve à Houmt-Adjim, d'après M. Servonnet [1],

[1] Loc. cit.

pour remplacer les scaphandriers, d'intrépides et célèbres plongeurs qui atteignent bravement des profondeurs de 25 mètres, et explorent les anfractuosités où la foëne, ni la gangave ne peuvent pénétrer.

A Djerba on évalue à 800 francs le revenu d'une campagne pour chaque homme embarqué, Sicilien ou Grec; les Arabes, moins bons travailleurs, ne gagnent guère que moitié.

Il est assez difficile, par suite des trop nombreuses fraudes qui se commettent, d'estimer très exactement le produit réel de la pêche des éponges en Tunisie. Dans une série de notes patiemment rassemblées, M. Méray, aide-commissaire de la marine, officier d'administration du *d'Estrées*, a donné sur toutes ces pêches des indications pleines d'intérêt. Nous y trouvons les chiffres suivants, qui sont le résultat de deux campagnes : 1877 quintaux tunisiens (le quintal de 50 kilos) pour 1884-85, et 1793 quintaux pour 1885-86.

De son côté, M. Ponzevera, dans son rapport déjà cité, du 10 février 1890, évalue en moyenne cette production annuelle à 1165 quintaux métriques, soit 2,330 quintaux tunisiens, représentant à son estimation une valeur de 3,130,000 piastres.

Les chiffres que nous avons relevés sur place sont un peu plus élevés et porteraient ce rendement à 3,000 quintaux.

Le résultat de la dernière campagne (1889-90), qu'a bien voulu nous communiquer gracieusement M. Coulombel, le fermier général de cette pêche, un des rares Français d'origine qui aient réussi à tenir tête à l'influence étrangère, n'a pas été plus satisfaisant pour les éponges que pour les poulpes. La recette de la part lui revenant ne s'est élevée qu'à 34,416 rotolis, d'une valeur de 245,520 piastres; ce qui donnerait comme total général seulement 137,654 rotolis, en admettant que toute la perception se soit exercée sur des éponges blanches, c'est-à-dire, dans la proportion de 25 p. 100, soit environ 700 quintaux métriques, et une valeur marchande de 600,000 francs.

Ce que nous avons dit précédemment expliquerait, dans une certaine mesure, ces divergences statistiques.

Les éponges, telles qu'elles sortent de l'eau, au moment de la pêche, sont dans un état qui ne permettrait pas de les conserver au delà de quelques jours; on les appelle *éponges noires*, à cause de l'enveloppe gélatineuse de couleur foncée qui les entoure; cette enveloppe, et à son contact l'éponge elle-même, ne tarderaient pas à

entrer en décomposition, en dégageant une odeur nauséabonde.
Aussi bien, les bateaux qui doivent rester un certain temps à la mer
sont-ils dans la nécessité de laver sur place le produit de leur pêche

Case pour le lavage des éponges.

A cet effet, ils laissent leurs éponges en tas, le temps nécessaire
pour que la fermentation ayant agi sur la matière noire qui constitue
leur couverture, celle-ci s'en détache d'elle-même ; ils les plongent
ensuite, à plusieurs reprises, dans l'eau de mer, et les piétinent fortement sur un plancher à claire-voie ; dans les ports, ce travail se fait
dans des sortes de petites guérites fixées en rade, à quelque distance du bord ; on malaxe ainsi les éponges jusqu'à ce que toutes
traces de l'enveloppe extérieure et des concrétions et impuretés inté-
rieures aient disparu. On les appelle, dès lors, *éponges blanches*,
encore qu'elles aient à subir de nouvelles manipulations pour être
convenablement présentées dans le commerce de détail. Il n'y a plus
qu'à les attacher en chapelets aux vergues, ou à des cordes sur la
plage, et à les laisser sécher : elles sont prêtes pour l'exportation ;
les plus belles subiront encore de nouveaux lavages destinés à les
nettoyer à fond, et à leur donner la teinte jaune d'or qui convient.

Les Grecs sont renommés pour le soin avec lequel ils font cette
première opération de lavage ; leurs éponges ont, de ce fait, une
plus-value sensible sur celles préparées par les indigènes. Ceux-ci,
du reste, préfèrent vendre les leurs à l'état brut, aussitôt après la
pêche.

Nous avons dit que les éponges noires étaient imposées d'un droit
de 33 p. 100, et les éponges lavées à raison de 25 p. 100, droit
payable en nature.

L'éponge tunisienne, connue dans le commerce sous le nom de *gerbi*, est de bonne qualité, résistante, spongieuse, élastique ; excellente pour certains usages, service des écuries, lavage des façades et des dallages, son tissu solide, mais un peu rude et grossier, ne permet pas de l'employer aux usages délicats ; toutefois, à côté de l'espèce la plus commune, il en est une, qu'on rencontre au delà de Gabès, dont la trame plus fine, souple et veloutée, permettrait de l'utiliser pour les soins de la toilette ; mais un grand nombre renferment des concrétions calcaires qui sont pour elles une cause sérieuse de dépréciation.

Il est intéressant de remarquer la frappante progression de qualité que suivent les éponges, à mesure qu'on s'avance de l'ouest à l'est dans la Méditerranée ; tandis qu'au Maroc elles sont à peu près toutes impropres aux usages domestiques, à cause de leur dureté, on en trouve déjà de plus parfaites à ce point de vue sur les côtes de l'Algérie, où cependant la pêche en est absolument nulle, industriellement parlant. Ce n'est qu'à partir du cap Africa que leur pêche est susceptible de donner des profits sérieux. Passé Djerba, à Zarzis, on en rencontre de plus fines ; celles de la Tripolitaine leur sont de beaucoup supérieures, et le cèdent elles-mêmes à celles provenant de quelques-unes des îles orientales de l'Archipel. Enfin, sur les côtes de Syrie, les éponges sont d'une incomparable finesse et atteignent des prix très élevés.

Voici, au surplus, sur ce point, des indications très précises, que nous avons puisées à bonne source :

Les éponges lavées et sèches, prises sur les lieux de production, non encore grevées des droits de sortie, valent en moyenne :

Éponges de Tunisie, 1re qualité.....	13ᶠ 00 à 16ᶠ 00	le kilogr.
— écarts.........	1 50 à 2 50	—
Éponges de Tripoli, 1re qualité.....	15 00 à 18 00	—
— de Bengasi, communes....	22 00 à 30 00	—
— — fines.........	40 00 à 80 00	—
Éponges de Syrie communes, 1res...	22 00 à 30 00	—
— fines, 1res........	120 00	—
— écarts de fines....,	18 00 à 20 00	—

Les côtes de Grèce donnent comme qualité des éponges analogues à celles de la Tripolitaine ; celles de Candie et de Chypre en produisent qui égalent presque les éponges de Syrie.

Les éponges de la Méditerranée ont été longtemps maîtresses du marché européen, sur lequel les exportations tunisiennes entraient pour près de un cinquième, quand sont venues en concurrence celles des Antilles anglaises, et, plus récemment encore, il y a une douzaine d'années, les éponges de Cuba, aujourd'hui exploitées très activement.

Ces dernières, à tissu égal, valent 15 à 20 p. 100 de moins que celles de Tunisie, et luttent d'autant plus avantageusement avec elles que nos douanes frappent les unes et les autres d'un même droit d'entrée de 35 francs les 100 kilogrammes.

Aux Bahama, dans une même zone de peu d'étendue, on pêche des éponges de qualités très différentes, que le commerce a divisées en six classes ; la première qualité, dénommée « laine de mouton » (*sheep's wool*), pour marquer la douceur de son tissu, mesure de cinq à six pouces de diamètre, et se vend 1 doll. 35 au plus cher la livre anglaise [1] ; vient ensuite l'éponge-velours (*velvet sponge*), de même taille que la précédente, très demandée en Europe, qui vaut de 60 à 90 cent. la livre ; la dernière catégorie (*hard-head*, tête dure) tombe à 50 cent. (2 fr. 50). L'exportation qui, à la date de nos dernières informations, en 1888, était de 300,000 dollars, tendait à s'accroître d'année en année.

La situation des pêcheries tunisiennes d'éponges est assez fâcheuse, et pour deux causes principales :

En premier lieu, elles sont dévastées par les pêcheurs étrangers, les Grecs, qui ravagent les fonds avec leurs gangaves, et plus encore par les Siciliens, qui pêchent en contrebande, se réfugient à Lampédouse, y font établir leurs rôles, et viennent à Sfax vendre, sous le nom d'éponges italiennes, des éponges recueillies dans nos eaux ; ils s'affranchissent de la sorte du droit de 25 p. 100, et n'ont à payer que 8 p. 100 d'entrée, ce qui leur donne un avantage marqué sur nos nationaux, impuissants dans cette lutte dont les lois internationales ne permettent pas de réprimer l'évidente déloyauté.

Ces contrebandiers sont-ils surpris par le mauvais temps, bovos ou sakolèves s'en vont mouiller à l'abri, sur les bas-fonds des Kerkenna, et leur pavillon étranger les préserve de la visite.

Les dommages, ainsi causés à nos fonds, sont déjà très sensibles ;

---

[1] La livre anglaise : *pound* (*avoir du poids*), équivaut à grammes 453,5.

avant ces abus, la pêche dans le golfe donnait 85 p. 100 de bonnes éponges, et 15 p. 100 seulement de gros *écarts*. Il y a actuellement 60 p. 100 d'éponges médiocres, et 40 p. 100 de mauvais *écarts*; encore quelques années, et la ruine sera prochaine.

En second lieu, tous ces produits, quelle qu'en soit la qualité, ont à acquitter, après la taxe dont nous avons parlé de 25 p. 100, un droit de sortie de 31 piastres par quintal tunisien, ce qui équivaut à

Sakolève de pêcheur d'éponges avec sa gangara.

37 fr. 20 les 100 kilos; à son tour, enfin, la douane française, à leur arrivée à Marseille, les frappe d'un nouveau droit de 35 francs par quintal.

Passe encore, peut-être, pour la première de ces taxes, quoiqu'elle soit bien lourde, peu équitable même, puisqu'elle ne fait aucune distinction entre les meilleures qualités et les *écarts*; il faut bien, en définitive, qu'un État se crée des ressources, et les plus légitimes sont, après tout, celles qu'il tire de ses propres richesses, si cela ne paralyse pas les bras qui les mettent en valeur.

8

Mais, comment admettre que ces mêmes produits soient repris, à leur entrée sur le territoire de la métropole et assujettis à de nouveaux droits, alors surtout qu'ils sont reçus en franchise en Italie, en Angleterre et en Allemagne? Comment admettre qu'ils soient assimilés aux importations étrangères de Syrie ou des Antilles, et soumis au même traitement? N'est-il pas regrettable, pour la prospérité de cette industrie, et pour l'avenir de notre colonisation, qu'ils n'aient pas été compris dans le nombre de ceux qui ont été dégrevés tout récemment?

Une expertise, à l'entrée de Sfax, permettrait, sans doute, de reconnaître la provenance des chargements suspects, chaque fond imprimant à l'éponge un caractère spécial et bien déterminé; mais ce remède, d'une application, du reste, peu facile, serait à coup sûr insuffisant pour la bonne protection de nos pêcheurs, et pour celle des fonds. Dans tous les cas, elle ne les relèverait pas de l'injuste traitement qui attend leurs produits à leur entrée en France.

Ainsi que nous l'indiquions en commençant, sans avoir encore réussi à pousser à bout ses investigations, la science a fait un pas décisif, et résolu en principe le problème qui se posait à propos de l'éponge; désormais le curieux zoophyte a décidément pris place dans le règne animal. D'après nos observations constantes en Tunisie, il s'attacherait de préférence aux corps calcaires, roches ou débris de coraux, très rarement au bois. Dans cette région, c'est au printemps que s'échapperaient, sous forme de cellules flagellifères, les embryons destinés à la multiplication de l'espèce, lesquels, après avoir flotté ou nagé un certain temps, iraient se fixer, pour ne plus s'en détacher, sur un corps solide submergé.

Le représentant du fermier général à Sfax nous rapportait avoir, à certaine époque, plongé dans la mer de Bengasi, muni d'un scaphandre, et avoir compté exactement sur une même roche 57 jeunes éponges. On était alors en juin, et ces embryons ne mesuraient que quelques centimètres. Un an plus tard, reprenant son observation sur ce même point, il en retrouva à peu près le même nombre; elles avaient acquis 0^{m},10 de diamètre. A son avis, les éponges mettraient plusieurs années à arriver à leur complet développement. Ces remarques sont, nous allons le voir, conformes à celles d'un éminent naturaliste viennois, M. O. Schmidt.

L'ardeur des pêcheurs à la recherche de ce précieux animal devait faire redouter un anéantissement plus ou moins rapide et prochain de l'espèce, et pousser les naturalistes à l'étude des moyens d'en assurer la conservation par la multiplication artificielle.

Il appartenait à la Société nationale d'acclimatation de France, qu'on trouve toujours prête pour des travaux de cette nature, de tenter les premiers essais. Une commission choisie dans son sein, et composée de MM. Drouyn de Lhuis, Cloquet, Duméril, de Maison-neuve, Eug. Pereire, de Quatrefages et Soubeiran, étudia la question, conclut à l'opportunité d'une tentative de naturalisation des éponges du Levant sur nos côtes, et désigna les points suivants comme pouvant le mieux convenir pour son succès, Cherchell, Dellys et Bougie, Djidjelli, les îles Habibas, le cap Bougaroni, le cap de Fer...

Vers 1860, un membre de la société, délégué à cet effet, fit le voyage de Syrie, récolta le plus grand nombre de ces zoophytes qu'il lui fut possible de se procurer, et les ramena avec tous les soins possibles ; mais au lieu de les placer dans les parages indiqués tout d'abord, sur la côte d'Afrique, dans des eaux tranquilles, on crut mieux faire en les déposant dans la baie de Toulon, où, pendant les premiers temps ils parurent prospérer. Le champ était moins favorable pour un ensemencement aussi délicat ; il fut impossible de les protéger contre les arts traînants qui draguent incessamment ces fonds, et les précieuses éponges finirent par être complètement détruites.

Cet exemple fut suivi quelques années plus tard. En 1876, un savant viennois des plus distingués, M. O. Schmidt, avec la collaboration de M. Gregor Buccich, installa un parc d'expérimentation sur les bords de l'île Lesina, dans l'Adriatique.

Son procédé était différent : il sectionnait des éponges adultes, à l'aide d'un couteau tranchant, et fixait les fragments ainsi obtenus, sur le fond, au moyen de chevilles en bois. L'hiver fut reconnu pour être la saison la plus favorable à cette opération. Ces sortes de greffons reprirent sans peine, et se développèrent d'une manière satisfaisante. Après une année, ils avaient doublé ou triplé de volume ; dès la septième, ils paraissaient être parvenus à leur pleine croissance. Les pertes ne dépassaient pas 10 p. 100.

C'était là, en vérité, un résultat remarquable. Les chroniques du temps, qui ne manquèrent pas d'en parler, racontèrent que des pêcheurs, appelés par M. Buccich à visiter ses élèves, furent si vivement frappés de ce fait, que, comme s'ils l'eussent attribué à des sortilèges, ils se hâtèrent de se signer ! Cependant, peu après, craignant moins les maléfices, il faut croire, que quelque atteinte à leur industrie, ils se coalisèrent pour ravager criminellement les parcs d'expérimentation qui, en fin de compte, durent être abandonnés.

C'était un malheur, mais non point un insuccès, puisque, à ce moment, la démonstration expérimentale était faite.

Nous n'insisterons pas davantage sur ces différents faits, sinon pour faire observer combien il serait désirable que ces essais fussent repris. Les rivages tunisiens, comme ceux de l'Algérie, nous offrent les plus magnifiques champs d'expérience qu'on puisse souhaiter : la mer de Bograra, le lac de Bizerte, la baie de Djidjelli, Stora, et bon nombre d'autres plages abritées, sembleraient convenir merveilleusement pour des entreprises de cette nature. Est-il besoin de dire tout l'intérêt qu'elles offriraient ? La production naturelle décuplée peut-être, régularisée tout au moins, et assurée pour l'avenir ; les espèces indigènes améliorées par la sélection et par la culture ; des espèces plus fines, venant un jour prendre place à côté de celles-ci, ne serait-ce point là une victoire, féconde en utiles conséquences, de la science sur la nature ? S'il est vrai que l'ostréiculture ait réussi, en quelques années, à fertiliser et à enrichir des plages jusqu'alors infécondes, ne serait-on pas en droit d'espérer tout autant de la culture artificielle des éponges ?

Si long que puisse paraître cet exposé, il n'est pas sans contenir bien des lacunes. Dans un voyage trop rapidement accompli, avec quelques pêches pratiquées sur des points isolés, et en une seule et même saison, il était matériellement impossible de pousser nos investigations aussi loin que nous l'eussions souhaité, et d'assembler autant de matériaux qu'il eût fallu pour dresser un état absolument complet des richesses ichthyologiques de nos possessions africaines de la Méditerranée.

Néanmoins, à l'aide des documents qu'il nous a été donné de recueillir au cours de notre exploration, et que nous avons groupés dans ce rapport, les vues d'ensemble que nous venons de donner

permettront, du moins, de se faire une idée assez exacte du produit
actuel de leurs eaux, et de l'essor que leur exploitation est susceptible de prendre dans un prochain avenir, parallèlement à celui de
la colonisation, des richesses qu'il serait possible d'ajouter artifi-
ciellement à leurs ressources naturelles, en particulier par l'ostréiculture, la mytyliculture, par l'élevage des éponges et par l'acclimatation de la petite et de la grande pintadine, enfin, des améliorations
qu'il pourrait être opportun d'introduire dans le régime administratif
actuellement en vigueur, dont nous nous sommes efforcé de montrer
les imperfections ou les lacunes.

Qu'il nous soit permis d'espérer que nous n'aurons pas, sans
profit, fait appel à la bienveillante sollicitude des pouvoirs publics,
en faveur de cette industrie si digne d'intérêt des pêches maritimes.

Nous leur soumettons donc avec confiance les conclusions suivantes :

1. — Élaborer une réglementation de la pêche maritime dont les
dispositions seraient, autant que possible, communes à l'Algérie et
à la Tunisie.

2. — Au cas où, pour des raisons d'ordre diplomatique ou économique, il serait reconnu impossible de fusionner complètement le
décret du 5 mai 1888 concernant l'Algérie et le projet de décret que
le gouvernement de la Régence se propose de mettre prochainement
en vigueur, il conviendrait de confier à une commission mixte,
comprenant des délégués algériens, parmi lesquels les administra-
teurs des circonscriptions maritimes de l'Algérie, particulièrement
en état de fournir d'utiles avis, et des délégués tunisiens, le soin
d'étudier sur quelles bases et à l'aide de quelles mesures on parvien-
drait à faire concorder les deux réglementations, à empêcher qu'elles
ne se contredisent entre elles, qu'elles ne se paralysent et ne se neu-
tralisent dans leurs effets.

Cette commission, dont la présidence serait confiée à un représentant nommé directement par le Gouvernement français, aurait à
définir les conditions dans lesquelles la surveillance doit s'exercer
pour protéger avec efficacité et avec réciprocité le domaine maritime
des deux pays jumeaux, réceptacle de tant de richesses naturelles
accumulées, en empêcher la violation, en prévenir la décadence.

Elle examinerait en outre la question de savoir s'il ne convient pas d'établir à la frontière maritime commune une zone de protection qui, d'un côté et de l'autre en commun, serait l'objet d'une surveillance spéciale.

3. — Inciter les pêcheurs du littoral continental français, trop nombreux peut-être dans nos ports, à aller s'établir sur les côtes africaines, et les mettre à même, en facilitant leur émigration et leur installation, par des primes ou par tout autre mode d'encouragement, de disputer avantageusement à leurs rivaux d'outre-Méditerranée une part des bénéfices que ceux-ci, étrangers pour la plupart, trouvent très aisément dans l'exercice d'une profession lucrative, à laquelle ils ne sauront faire accomplir aucun progrès.

4. — Provoquer sur nos côtes méditerranéennes de l'Afrique la fondation d'industries maritimes aquicoles par l'élève et la culture du poisson, de l'huître, de la moule et autres coquillages comestibles, comme les clovisses, praires, etc.; puis de l'éponge, du corail et particulièrement de l'huître perlière.

Quant à la création d'usines pour la préparation des poissons en conserve, ce qui a été dit au cours de ce rapport suffira, sans qu'il soit besoin d'insister davantage, pour éveiller l'attention de ceux de nos manufacturiers que cela concerne et dont quelques-uns sont allés chercher, en des pays voisins, des ressources qui se trouvent en très grande abondance dans nos possessions barbaresques.

Paris, le 6 août 1890.

BOUCHON-BRANDELY,

Inspecteur général des pêches maritimes.

AM. BERTHOULE,

Secrétaire général de la Société nationale
d'Acclimatation,
Membre du Comité consultatif des pêches maritimes.